Handmade 4 Dolls ♥ with 25 Outfits

마들레농의 크로셰

손뜨개 동물인형

KB213103

Dress-Up Amigurumi by Madelenón (Soledad Iglesias Silva)

도트니트 02
DotKnit

마들레농의 크로셰
손뜨개 동물인형
© 솔레다드, 2024

1판 1쇄 펴낸날 2024년 10월 5일
1판 2쇄 펴낸날 2025년 1월 30일

지은이 솔레다드 | **옮긴이** 브론테살롱
총괄 이정욱 | **출판팀** 이지선·이정아·이지수 | **디자인** Design E.T.
펴낸이 이은영 | **펴낸곳** 도트북
등록 2020년 7월 9일(제25100-2020-000043호)
주소 서울시 노원구 동일로 242길 87 2F
전화 02-933-8050 | **팩스** 02-933-8052
전자우편 reddot2019@naver.com
블로그 blog.naver.com/reddot2019
인스타그램 @dot_book_
ISBN 979-11-93191-04-0 13590

Handmade 4 Dolls ♥ with 25 Outfits

마들레농의 크로셰
손뜨개 동물인형

솔레다드 지음 · 브론테살롱 옮김

노트북

여러분, 손뜨개의 세계에 온 것을 환영해요!

당신이 지금 들고 있는 책은 저의 어린 시절의 꿈이 이루어진 것이랍니다. 아홉 살 때 엄마가 코바늘뜨기를 가르쳐 주셨는데, 배우고 싶은 이유는 옷 때문이었죠. 전 방에 가득 찬 장난감들을 귀여운 옷과 액세서리로 꾸며주고 싶었어요. 그 당시 저는 겨우 작은 스카프 몇 개 정도를 만들 수 있었지만, 그것이 너무 자랑스러웠고, 그것이 제가 필요한 전부였어요. 인형을 가지고 놀면서 상상하던 옷들은, 어린아이가 즐길 수 있는 즐거운 일 중 하나였지요.

이 책을 위한 드레스, 코트, 모자 및 액세서리를 만드는 데 수천 시간이 걸렸습니다. 수백만 바늘을 세고 상상할 수 있는 모든 색깔, 모양, 크기로 수백 개의 디자인을 그렸기 때문이에요. 그리고 결과에 저는 매우 만족합니다! 마침내 저는 가장 좋아하는 인형들을 위해 뜨개로 만든 옷들로 옷장을 가득 채울 수 있었어요. 당신도 귀여운 인형과 예쁜 옷 만들기에 참여할 수 있기를 손꼽아 기다리고 있습니다.

뜨개를 즐기세요!

Soledad

솔레다드는 아르헨티나 파타고니아에 살면서 일하고 있습니다. 그녀의 엄마는 그녀가 아홉 살 때 뜨개하는 법을 가르쳤어요. 그녀는 셋째 아이를 임신하고 아이의 방을 장식하기 위해 고민하다가 손뜨개 동물인형을 떠올렸어요. 그녀의 첫 손뜨개 인형은 양이었고, 그 인형은 다시 뜨개질에 대한 열정을 불러일으켰답니다. 그녀는 손뜨개로 수백 개의 인형을 만들면서 자신이 직접 새로운 인형을 디자인하기로 마음먹었지요. 이 책의 동물인형들은 그렇게 탄생했습니다.

어릴 때 뜨개를 하느라 바쁠 때면 할머니는 그녀에게 이렇게 말했어요. '넌 정말 마들렌과 똑같구나!' 마들렌은 그녀의 증조할머니였어요. 솔레다드는 마들렌이 만들었던 멋진 손뜨개 작품뿐만 아니라 빛나는 재능까지 물려받았답니다.

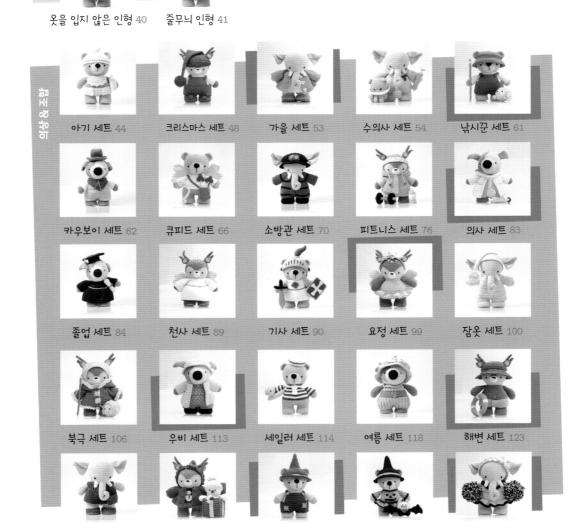

기본 재료

실

뜨개실은 앙고라, 캐시미어, 면, 리넨, 모헤어 등의 천연사와 나일론, 아크릴, 폴리에스테르와 같은 인조섬유가 있어요. 손뜨개 인형은 주로 면(코튼)이나 모헤어를 많이 사용하는데, 국내에서는 '인형실'이라고 명칭을 달아 판매하는 경우가 많습니다.

실의 굵기는 보통 6~7가지 정도가 있는데, 번호가 커질수록 굵은 실이에요. 이 책에는 각각의 인형과 인형옷에 쓰이는 실의 색깔이 표기되어 있으니 코바늘 굵기에 맞는 실과 색깔을 선택하여 사용하면 됩니다.

코바늘

바늘의 종류는 다양합니다. 바늘이 크면 바늘땀도 커지는데, 바늘에 맞는 굵기의 실을 선택하는 것이 중요합니다. 단, 코바늘 손뜨개 인형을 만들 때는 일반적인 손뜨개 작품보다 1~2mm 작은 바늘을 권장합니다. 바늘땀이 작아지면 인형 속 재료가 밖으로 빠지지 않기 때문이에요. 이 책에서는 2호(2mm) 바늘을 사용했습니다.

마커

마커는 금속이나 플라스틱으로 된 작은 클립입니다. 각 단의 처음이나 마지막 코를 쉽게 찾기 위해서, 또는 각 단의 콧수가 맞는지 확인하기 위해 표시하는 것입니다. 각 단의 마지막에 걸어 두면 편해요. 마커가 없다면 뜨개실과 구별되는 색의 실을 사용하거나 클립, 옷핀 등을 사용해도 됩니다.

충전재

충전재는 폴리에스테르 섬유를 사용하는 것이 좋아요. 세탁할 수 있고, 가격도 저렴합니다. 인형 속을 채우는 것은 생각보다 까다로울 수 있어요. 채우는 정도에 따라서 완성된 모양이 달라지니까요. 한꺼번에 많은 양을 밀어 넣지 말고 조금씩 넣어 모양을 만드세요. 나무 숟가락이나 젓가락을 사용하면 작은 부분도 채울 수 있습니다. 너무 많이 채울 경우에는 인형이 늘어나고 속이 비쳐 보일 수 있으니 주의하세요.

인형 눈

대부분 패턴에는 인형 눈을 사용합니다. 와셔를 부착하는 형태의 눈은 한번 붙이면 떼어낼 수 없으니, 위치를 미리 확인하세요. 3세 미만의 아이를 위한 인형을 경우에는 자수로 눈을 만드는 것이 안전합니다.

이 책의 구성

PART 1: 기본
기본 동물인형(곰 휴고, 사슴 베카, 강아지 던컨, 코끼리 레이) 뜨는 법이 실려 있습니다. 기본 인형은 밑단, 깃, 소매가 있는 하늘색 티셔츠를 입고 있어요.

PART 2: 변형
옷을 입지 않은 인형과 줄무늬 인형을 만들 수 있어요.

PART 3: 의상 & 조합
전체 의상 세트와 액세서리 패턴이 실려 있어요. 아래의 인형들은 기본 패턴을 약간 수정했습니다.
- **옷을 입지 않은 인형**: 아기 세트, 산책 세트, 여름 세트, 가을 세트, 해변 세트, 치어리더 세트(p.40)
- **줄무늬 인형**: 세일러 세트(p.41~42)
- **티셔츠 색 변경**: 큐피드 세트, 크리스마스 세트, 카우보이 세트, 낚시꾼 세트는 민트색, 하늘색 실을 하얀색 실로 바꿉니다.
- **마녀 세트**: 기본 동물인형의 민트색 실을 주황색 실(티셔츠)로, 하늘색 실을 검은색 실(단, 칼라, 소맷단)로 바꿉니다. 티셔츠에 호박 자수를 추가해 보세요.(p.139)
- **겨울 세트**: 기본 동물인형의 민트색, 하늘색 실을 진파란색 실로 변경합니다(티셔츠). 티셔츠에 겨울 자수를 추가해 보세요.(p.129~130)
- **요정 세트**: 기본 동물인형의 민트색 실을 연두색 실로, 하늘색 실을 분홍색 실로 바꿉니다. 소매는 만들지 않습니다.(p.99)

이 책에 나와 있는 의상들과 액세서리 패턴을 활용하면 휴고, 베카, 던컨, 레이에게 어울리는 옷들을 다양하게 조합하여 만들 수 있습니다. 그들의 옷장을 채우는 데 도움이 되도록 다음과 같은 요소들을 책에 실었습니다.

- **사용된 실 색깔**(원하는 색으로 바꿀 수 있어요.)
- **기본 캐릭터 유형**(옷을 입지 않은 유형, 흰색 티셔츠, 민트색 티셔츠, 줄무늬 티셔츠 등 다양한 색의 티셔츠를 입은 유형)
- **필요한 의상 부품**
- **마무리 작업에 대한 추가 지침**(단추, 벨크로 테이프 추가 등)

시작하기 전에 알아둘 것

난이도

모든 패턴에 초급(*), 중급(**), 고급(***)으로 난이도를 표시하여 만들기 쉽고 어려운 정도를 표시했어요. 처음 만드는 경우에는 초급부터 시작해서 중급 및 고급 패턴으로, 순차적으로 작업하는 것이 좋습니다.

패턴

- 이 책의 모든 패턴은 나선형으로 연속하여 뜨는 방식이기 때문에 새로운 단이 시작되고 단이 끝나는 위치를 찾는 것이 어려울 수 있습니다. 단의 처음이나 끝에 마커로 표시해 두면 찾기 쉬워요. 각 단이 끝날 때마다 마커의 위치를 옮겨두세요.
- 가끔 나뉘었다가 연결하는 단으로 작업할 수도 있습니다. 소매와 바지단을 뜰 때 사용되는 방법으로 빼뜨기를 합니다. 나뉘는 작업에서는 빼뜨기한 마지막 코에서 시작하여 작업합니다. 이렇게 하면 땀이 고른 작품을 만들 수 있습니다.
- 각 단의 끝에는 괄호 안에 총 콧수를 표시했습니다. 중간에 콧수를 확인하는 것이 좋습니다. 반복되는 경우에는 괄호 뒤에 × 표시를 하여 횟수를 나타냈습니다. [짧은뜨기 1, 코늘리기 1]×3 일 경우, 괄호 안의 작업을 3번 반복하면 됩니다.

장력

장력은 당기거나 당겨지는 힘을 말합니다. 사람마다 장력이 다르기 때문에 똑같은 바늘을 써도 인형의 크기가 달라질 수 있습니다. 인형과 옷은 같은 장력으로 떠야 입혔을 때 잘 맞습니다. 인형의 크기를 더 크게 만들고 싶다면 더 굵은 코바늘로 뜨면 됩니다.

게이지

게이지란 정사각형(보통 가로, 세로 10cm) 안에 코와 단이 몇 개가 들어가는지 개수를 세어놓은 것입니다. 사람마다 장력이나 뜨는 방식에서 차이가 나기 때문에 각각의 게이지는 다를 수 있어요. 실이 얇을수록 콧수와 단수가 많아지고, 실이 두꺼울수록 콧수나 단수가 적어집니다. 이 책에 실린 모든 패턴의 게이지는 7코 × 7단 / 2.5cm × 2.5cm입니다.

온라인 갤러리

각 의상에는 해당 인형의 전용 온라인 갤러리로 연결되는 URL과 QR 코드가 포함되어 있습니다. 완성된 뜨개 인형을 공유하고, 다른 작품을 통해 영감을 얻을 수 있습니다.

유의 사항

3세 미만의 어린이에게 장난감을 선물할 경우, 작은 액세서리는 빼주세요.

기본 스티치

이 책에 나오는 모든 인형과 옷은 기본 스티치를 이용하여 만들 수 있습니다. 인형을 만들기 전에 기본 스티치 연습을 하는 것이 좋습니다. 뜨개 방법과 명칭을 익혀두면 해당 페이지를 다시 찾아볼 필요 없이 더 편안하게 패턴을 읽을 수 있습니다.

스티치 튜토리얼 영상

각 스티치 설명에는 온라인 스티치 튜토리얼 영상으로 연결되는 URL과 QR 코드가 포함되어 있어 더욱 빠르게 익힐 수 있는 기술을 단계별로 보여줍니다. 링크를 따라가거나 스마트폰으로 QR 코드를 스캔하세요. iOS가 설치된 휴대폰은 카메라 모드에서 자동으로 QR 코드를 스캔합니다. Android 휴대폰의 경우 먼저 QR 리더 앱을 설치해야 할 수도 있습니다.

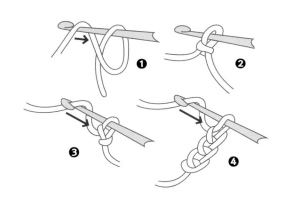

사슬뜨기

① 처음 시작할 때 사슬뜨기를 사용할 수 있다.
② 고리를 만들어 그 사이로 실을 걸어 당겨 조인다.
③ 고리에 바늘이 걸린 채로 실을 뒤에서 앞으로 감아 고리 밖으로 잡아 당긴다. 사슬 1코가 완성된다.
④ 이 단계를 반복하여 기초 사슬코를 만든다.

www.stitch.show/ch
방문 또는 QR 스캔

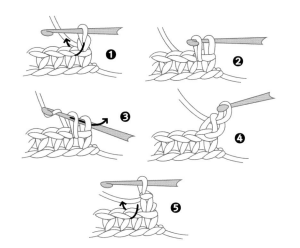

짧은뜨기

① 이 책에서 가장 자주 사용되는 스티치이다. 바늘을 다음 고리에 넣고 실을 감아 고리 사이로 잡아 당긴다.
② 바늘에 2개의 고리가 생긴다.
③ 실을 다시 감아 2개의 고리에 동시에 통과시킨다.
④ 1코가 완성된다.
⑤ 계속하여 반복한다.

www.stitch.show/sc
방문 또는 QR 스캔

빼뜨기

① 빼뜨기는 한 번에 하나 이상의 코를 이동하거나 뜨기 작업
   을 마무리하는 단에서 사용한다. 다음 코에 바늘을 넣는다.
② 실을 감고 빠져나와 바늘에 걸린 고리를 통과한다.

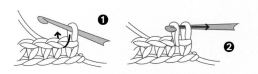

www.stitch.show/slst
방문 또는 QR 스캔

긴뜨기

① (새로운 단을 시작할 때 2개의 사슬코를 떠서 한길긴뜨기 1코
   의 기둥코로 삼는다.) 코에 바늘을 넣는다.
② 바늘에 실을 감고 코를 통과해 실을 당긴다.
③ 바늘에 3개의 고리가 생긴다. 실을 다시 감고 고리를 모두
   통과한다.
④ 1코가 완성된다. 계속하여 반복한다.

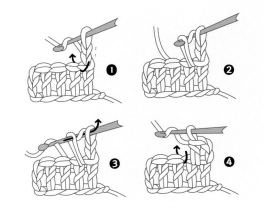

www.stitch.show/hdc
방문 또는 QR 스캔

한길긴뜨기

① (새로운 단을 시작할 때 3개의 사슬코를 떠서 긴뜨기 1코의 기
   둥코로 삼는다.) 코에 바늘을 넣는다.
② 바늘에 실을 감고 코를 통과해 실을 당긴다.
③ 바늘에 3개의 고리가 생긴다. 실을 다시 감고 고리를 2개
   만 통과한다.
④ 바늘에 2개의 고리가 남는다. 마지막으로 다시 실을 감고
   남은 2개의 고리를 모두 통과한다.
⑤ 1코가 완성된다. 계속하여 반복한다.

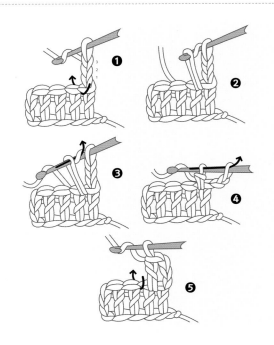

www.stitch.show/dc
방문 또는 QR 스캔

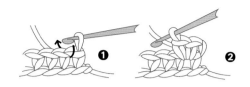

코늘리기

1코에 2개의 짧은뜨기를 하여 코를 늘린다.

www.stitch.show/inc
방문 또는 QR 스캔

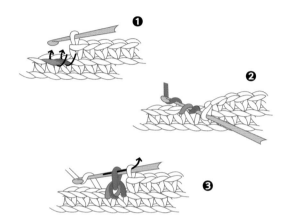

안 보이게 코줄이기

① 코를 안 보이게 줄이면 줄인 코가 다른 코와 비슷하게 보여 코가 고른 작품을 완성할 수 있다. 코의 앞쪽 고리에만 바늘을 넣는다. 다시 다음 코의 앞쪽 고리에 바늘을 넣는다.
② 실을 감아 2개의 고리를 통과한다.
③ 실을 다시 감아 마지막 남은 2개의 고리를 통과하면 완성된다.

www.stitch.show/dec
방문 또는 QR 스캔

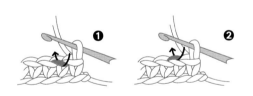

앞고리 이랑뜨기 / 뒷고리 이랑뜨기

① 코바늘 뜨기를 하면 코의 위에는 2개의 고리가 생긴다. 앞고리는 자신을 향한 쪽이고, 뒷고리는 반대쪽이다.
② 이랑뜨기는 고리를 하나만 걸어서 뜬다. 앞고리 이랑뜨기는 자신을 향한 앞고리를, 뒷고리 이랑뜨기는 뒷고리를 걸어 뜬다.

www.stitch.show/FLO-BLO
방문 또는 QR 스캔

매직링 만들기

매직링은 코바늘뜨기를 시작하는 방법이다. 콧수를 다양하게 조정할 수 있고, 중앙에 구멍이 남지 않는다는 것이 장점이다.

① 실을 교차하여 원을 만든다.

② 바늘로 고리를 만들되 세게 잡아당기지 않는다.

③ 검지와 엄지로 원을 잡고 중지에 실을 감는다.

④-⑤ 실을 감고 고리를 통해 당겨 사슬을 만든다.

⑥ 실을 다시 감는다.

⑦ 링을 통과해 잡아당기고, 다시 한 번 실을 감는다.

⑧ 바늘에 걸린 2개의 고리를 통과해 잡아당기면 1코가 완성된 다.

⑨-⑩ 6~8의 과정을 반복하여 원하는 만큼의 콧수를 만든다. 실 꼬리를 잡아 당겨 원을 조인다.

1단이 완성된다. 마커를 사용해 단 표시를 한 다음, 다음 단을 계 속 뜬다.

www.stitch.show/magicring
방문 또는 QR 스캔

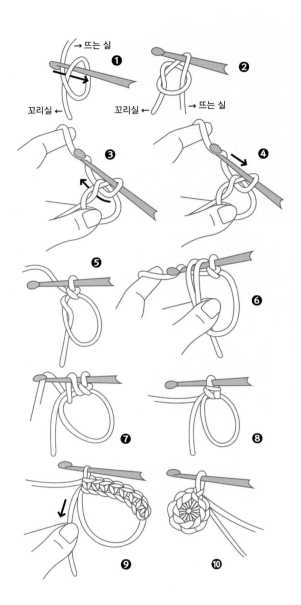

기초 사슬코 만들기

① 일부 작품은 매직링 대신 타원형 기본코로 시작한다. 패턴에서 지시한 만큼의 사슬코를 이용한다. 바늘에 걸린 고리에서 바로 다음 코는 거르고, 2번째 코에 바늘을 넣는다.

② 짧은뜨기를 한다.

③ 패턴대로 코에 바늘을 넣고 실을 감아 통과하며 작업한다.

④ 사슬의 마지막에서는 콧수가 증가한다.

⑤ 사슬을 뒤집어 뜨지 않은 고리에 바늘을 넣어 작업한다.

⑥ 마지막 코는 처음 만든 코 옆에서 끝난다.

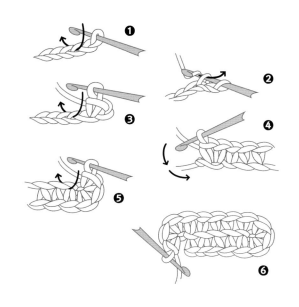

www.stitch.show/oval
방문 또는 QR 스캔

사슬코 뒷부분에 뜨기

① 보통은 사슬의 앞에서 작업하지만 뒤에서 할 수도 있다.

② 사슬을 돌리면 각 코의 뒷면에 코산(파란색 부분)이 있는데, 이 부분에 뜰 수 있다.

www.stitch.show/backridge
방문 또는 QR 스캔

사슬원형코 만들기

① 매직링 원형코처럼 닫히지 않고 중앙에 구멍을 유지하고자 할 때 사용하는 기법이다. 패턴에 지시된 대로 사슬코를 만들고, 첫 번째 고리에 실을 통과해 원을 만든다.

② 고리 중앙에 바늘을 넣어 원하는 만큼의 콧수를 뜬다.

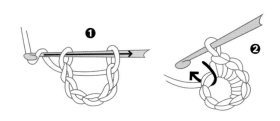

www.stitch.show/ring
방문 또는 QR 스캔

앞걸어뜨기 / 뒤걸어뜨기

바늘이 기둥의 뒤에서 앞으로 나와서 고리를 걸어 뜨면 뒤걸어뜨기, 기둥의 앞에서 뒤로 들어가며 걸어뜨면 앞걸어뜨기가 된다.

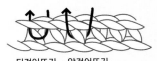

뒤걸어뜨기   앞걸어뜨기

www.stitch.show/BP-FP
방문 또는 QR 스캔

크랩 스티치

① 크랩 스티치는 일반 짧은뜨기와 동일하지만 반대의 방향으로 뜬다. 왼쪽에서 오른쪽 방향으로 작업한다. 약간 비틀리고 둥근 모서리를 만들게 된다. 바늘의 오른쪽 코의 앞에서 뒤로 바늘을 넣는다.
② 실을 감고 고리를 통해 잡아 당긴다.
③ 실을 바늘에 한번 더 감고 2개의 고리를 통과한다.
④ 1코가 완성된다.

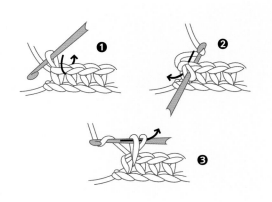

www.stitch.show/crab
방문 또는 QR 스캔

버블 스티치

① 부드러운 입체감을 표현할 때 사용한다. 바늘에 실을 감고 코에 넣는다.
② 다시 실을 감아 당긴다. 바늘에 3개의 고리가 생긴다. 다시 실을 감고 2개의 고리만 통과한다. 바늘에 2개의 고리가 남는다.
③ 다시 실을 감아 전 단계를 2번 반복한다. 바늘에 4개의 고리가 생기면 바늘에 실을 감고 고리를 모두 통과하여 1코를 완성한다. 같은 코에 여러 개의 긴뜨기를 하는 방법으로 버블을 완성하는 기법이다.

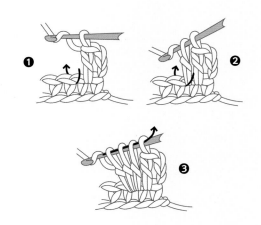

www.stitch.show/bobble
방문 또는 QR 스캔

퍼프 스티치

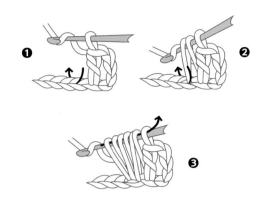

① 버블 스티치와 비슷하지만 퍼프 스티치는 반만 완성되는 형태로 작업한다. 바늘에 실을 감아 코에 넣어 빼낸다.

② 생긴 고리를 잡아당겨 길이가 비슷해지도록 한 상태에서 다시 실을 감아 빼낸다.

③ 실을 감아 고리를 만들기를 반복하여 바늘에 7개의 고리가 걸리도록 한다. 마지막으로 실을 감아 고리를 모두 통과하여 1코를 완성한다. 사슬뜨기 1코를 하고 마무리한다.

www.stitch.show/puff
방문 또는 QR 스캔

피코 스티치

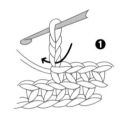

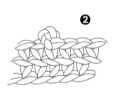

① 편물의 가장자리에 장식할 때 사용하는 기법이다. 패턴에 지시된 수만큼 사슬코를 만든다. 사슬의 1번째 코에 바늘을 넣는다.

② 실을 감은 후 2개의 고리를 통과해 잡아당긴다. 1코가 완성된다.

www.stitch.show/picot
방문 또는 QR 스캔

실 바꾸기

① 마지막 코에서 미리 실을 바꾸는 작업을 한다. 바꾸고자 하는 코의 직전 코에서 마지막 걸어오는 실을 바꾼다.

② 바꾼 실로 남은 마지막 코의 고리를 모두 통과하여 새로운 색의 코를 만든다. 남은 꼬리는 매듭을 묶어두고 작업하는 것이 좋다.

www.stitch.show/colorchange
방문 또는 QR 스캔

실 마무리하기

① 마지막 코가 끝나면 여유있게 실을 남기고 끊는다. 남은 실을 마지막 코 고리를 통해 잡아당긴다.

② 돗바늘에 남은 실을 끼우고 안쪽 면에서 이리저리 통과시켜 보이지 않게 마무리한다.

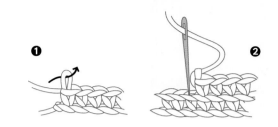

www.stitch.show/fastenoff
방문 또는 QR 스캔

빼뜨기로 무늬 만들기

① 편물 위에 빼뜨기를 하여 무늬나 장식을 하는 기법이다. 앞에서 뒤로 바늘을 넣어 실을 가져와 고리를 만든다.

② 다음 코에 바늘을 넣어 뒤에서 실을 감아 코를 통과하고 동시에 바늘에 걸린 고리까지 통과한다.

③ 원하는 모양으로 계속 작업한다.

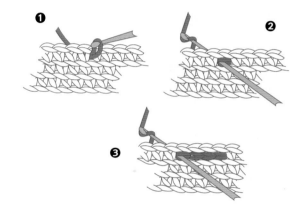

www.stitch.show/surfaceslst
방문 또는 QR 스캔

홈질

바늘을 천의 뒤에서 앞으로, 다시 앞에서 뒤로 통과하며 일직선의 땀을 만드는 바느질의 가장 기본적인 방법이다.

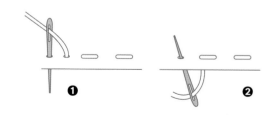

www.stitch.show/running
방문 또는 QR 스캔

기본 & 변형

곰 휴고 ♥ 휴고는 매우 활동적이고 호기심이 많은 곰이에요. 새로운 것을 배우거나 새로운 곳에 가는 것을 좋아하지요. 물론 다른 곰과 마찬가지로 먹는 것도 무척 좋아합니다! 휴고라면 맛있는 음식을 절대 거절하지 않을 거예요.

난이도: ★(★)
완성 사이즈: 키 21cm

준비물

<실>

● 베이지색(갈색 곰)
　하얀색(하얀색 곰)
● 크림색
● 민트색
　연하늘색(소량)
● 분홍색
● 검은색

코바늘(2mm) / 인형 눈 2개(6mm)
두꺼운 종이(다리 지지용)
돗바늘 / 마커 / 가위 / 핀 / 충전재

곰 휴고

티셔츠를 입은 기본 인형

중요해요!

→ 먼저 인형이 입을 옷을 선택하세요. 의상에 따라 기본 동물인형이 달라질 수 있어요. 이 패턴은 티셔츠를 입은 휴고의 기본 패턴입니다.

다리(2개) 실: 갈색 곰 ● 크림색 ● 베이지색 / 하얀색 곰 ○ 하얀색
갈색곰 ● 크림색 /하얀색 곰 ○ 하얀색. 사슬뜨기 7(사진 1)

1단: 2번째 사슬코에서 시작하여 짧은뜨기 5, 1코에 짧은뜨기 3(사진 2), 기초 사슬코의 반대쪽 고리에 짧은뜨기 4, 코늘리기 1(사진 3) (14코)

2단: 코늘리기 1, 짧은뜨기 4, 코늘리기 4, 짧은뜨기 4, 코늘리기 1 (20코)

3단: 짧은뜨기 1, 코늘리기 1, 짧은뜨기 4, [짧은뜨기 1, 코늘리기 1] × 3, 코늘리기 1, 짧은뜨기 5, 코늘리기 1, 짧은뜨기 1(26코)

4단: 짧은뜨기 1, 코늘리기 1, 짧은뜨기 4, [코늘리기 1, 짧은뜨기 1] × 5, 코늘리기 1, 짧은뜨기 6, 코늘리기 1, 짧은뜨기 2(34코)

5단: 짧은뜨기 2, 코늘리기 1, 짧은뜨기 9, [코늘리기 1 짧은뜨기 3] × 2, 코늘리기 1, 짧은뜨기 9, 코늘리기 1, 짧은뜨기 2, 코늘리기 1(40코)

발 만들기: 두꺼운 종이에 발 모양을 대고 그려 자른 다음, 발 안쪽에 넣는다.(사진 4)

실 바꾸기(갈색 곰): ● 베이지색

6단: 짧은뜨기 40(40코)

7단: 뒷고리 이랑뜨기로 짧은뜨기 40(40코)

8~10단: 짧은뜨기 40(40코)

11단: 짧은뜨기 11, 안 보이게 코줄이기 4, 짧은뜨기 2, 안 보이게 코줄이기 4, 짧은뜨기 11(32코)

12~14단: 짧은뜨기 32(32코)

실을 끊고 정리한다. 첫 번째 다리는 14단이 끝난 곳에서 뒤로 10코 지점에 마커로 표시한다. 두 번째 다리는 14단이 끝난 곳에서 앞으로 11코 지점에 마커로 표시한다.

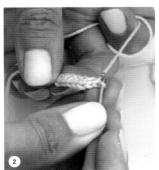
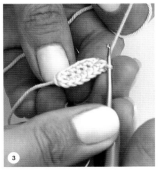

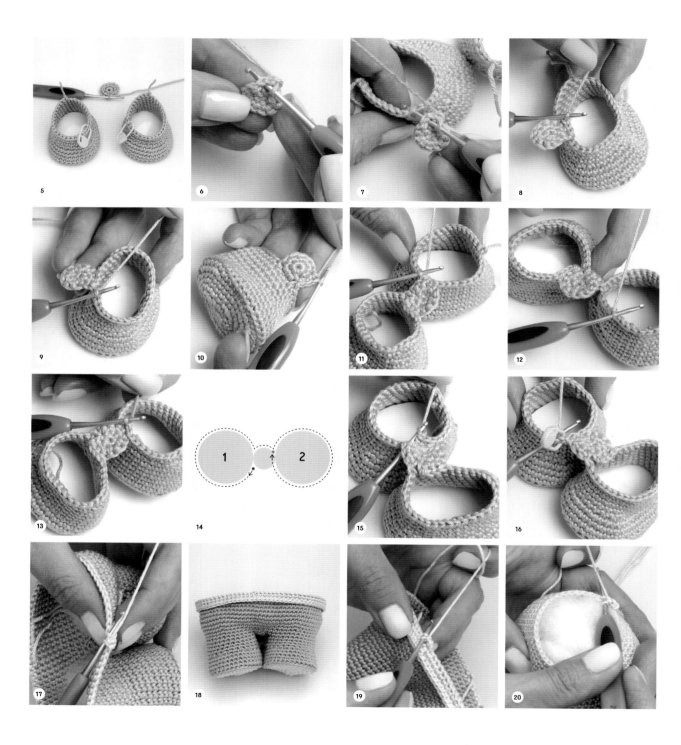

연결 조각 실: 갈색 곰 ● 베이지색 / 하얀색 곰 ○ 하얀색

1단: 매직링에 짧은뜨기 6(6코)

2단: 코늘리기 6(12코)(사진 5)

실을 끊지 않고 다음 단에서 다리와 연결한다.

몸 실: 갈색 곰 ● 베이지색 / 하얀색 곰 ○ 하얀색 ● 민트색(공통)

위에서 작업한 연결 조각을 몸통에 연결한다.(사진 6, 7)

15단:

① 연결 조각과 다리를 통과하여 짧은뜨기 3(사진 8), 첫 번째 다리에 짧은뜨기 29(사진 9), 연결 조각에 짧은뜨기 3(사진 10)

② 두 번째 다리에 마커로 표시해 둔 코에 바늘을 넣는다. (사진 11) 마커 유지하기, 두 번째 다리에 짧은뜨기 29(사진 12), 연결 조각과 다리를 통과하여 짧은뜨기 3(사진 13, 14)(67코)

③ 코에서 바늘을 빼서 두 번째 다리 마커로 표시해 둔 코에 바늘을 넣는다. 빼 두었던 코와 동시에 실을 걸어 빼낸다.

16단:

① 사슬뜨기 1, 두 번째 다리에 마커로 표시해 둔 코에 짧은뜨기 1, 여기가 16단의 첫코가 된다.(사진 15, 16)

② 두 번째 다리에 짧은뜨기 28, 연결 조각에 짧은뜨기 3, 첫 번째 다리에 짧은뜨기 29, 연결 조각에 짧은뜨기 3(64코)

17단: [짧은뜨기 7, 코늘리기 1] × 8(72코)

18단: [짧은뜨기 8, 코늘리기 1] × 8(80코)

19~21단: 짧은뜨기 80(80코)

22단: 짧은뜨기 16, 안 보이게 코줄이기 1, 짧은뜨기 38, 안 보이게 코줄이기 1, 짧은뜨기 22(78코)

23~25단: 짧은뜨기 78(78코)

충전재를 채운다.

실 바꾸기: ● 민트색

26단: 짧은뜨기 78(78코)

실을 끊고 정리한다.

옷 단 실: 연하늘색

인형 몸을 거꾸로 잡고 작업한다.(옷 단이 몸의 아래쪽을 향해 덮이도록 뜬다.) 26단, 등쪽 가운데 코에서 시작한다. 코의 앞쪽 고리에 바늘을 넣고 시작한다.(사진 17)

1단: 앞고리 이랑뜨기로 짧은뜨기 78(78코)

2단: 짧은뜨기 78(78코)(사진18)

실을 끊고 정리한다.

몸(앞 부분에서 계속) 실: ● 민트색

인형을 다시 바로 세워 다리가 아래에 있도록 잡고 작업한다. 민트색 실로 작업한 26단, 등쪽 가운데 코에서 시작한다. 코의 뒤쪽 고리에 바늘을 넣고 시작한다.(사진 19)

27단: 뒷고리 이랑뜨기로 짧은뜨기 78(78코)

28~29단: 짧은뜨기 78(78코)

30단: [짧은뜨기 11, 안 보이게 코줄이기 1] × 6(72코)

31단: 짧은뜨기 72(72코)

32단: [짧은뜨기 10, 안 보이게 코줄이기 1] × 6(66코)

33단: 짧은뜨기 66(66코)

34단: [짧은뜨기 9, 안 보이게 코줄이기 1] × 6(60코)

35단: 짧은뜨기 60(60코)

36단: [짧은뜨기 8, 안 보이게 코줄이기 1] × 6(54코)

37단: 짧은뜨기 54(54코)

38단: [짧은뜨기 7, 안 보이게 코줄이기 1] × 6(48코)

39단: 짧은뜨기 48(48코)

40단: [짧은뜨기 6, 안 보이게 코줄이기 1] × 6(42코)

실을 끊고 정리한다.

깃 실: 연하늘색

인형 몸을 거꾸로 잡고 작업한다. 40단의 등쪽 가운데 코에서 시작한다. 코의 앞쪽 고리에 바늘을 넣고 시작한다.(사진 20)

1단: 앞고리 이랑뜨기로 짧은뜨기 42(42코)

2단: 짧은뜨기 42(42코)(사진 21)

실을 끊고 정리한다. 충전재를 채운다.

주둥이 실: 갈색 곰 ● 크림색 / 하얀색 곰 ○ 하얀색

1단: 매직링에 짧은뜨기 6(6코)

2단: 코늘리기 6(12코)

3단: [짧은뜨기 1, 코늘리기 1] × 6(18코)

4단: [짧은뜨기 2, 코늘리기 1] × 6(24코)

5단: [짧은뜨기 3, 코늘리기 1] × 6(30코)

6단: [짧은뜨기 4, 코늘리기 1] × 6(36코)

7~8단: 짧은뜨기 36(36코)

꼬리실을 남기고 끊는다.

코 실: ● 검은색

1단: 매직링에 짧은뜨기 6(6코)

2단: [짧은뜨기 2, 코늘리기 1] × 2(8코)

3단: [짧은뜨기 2, 코늘리기 2] × 2(12코)

꼬리실을 남기고 끊는다. 주둥이 3단과 7단 사이에 코를 바느질하고 입을 검은색 실로 수놓는다.(사진 22)

머리 실: 갈색 곰 ● 베이지색 / 하얀색 곰 ○ 하얀색

인형을 바로 세워 다리가 아래에 있도록 잡고 작업한다. 40단, 등쪽 가운데 코에서 시작한다. 깃을 아래쪽으로 내려 핀으로 고정하고 작업한다.(사진 23, 24)

41단: 뒷고리 이랑뜨기로 짧은뜨기 42(42코)

42단: 짧은뜨기 42(42코)

43단: [짧은뜨기 6, 코늘리기 1] × 6(48코)

44단: [짧은뜨기 7, 코늘리기 1] × 6(54코)

45단: [짧은뜨기 8, 코늘리기 1] × 6(60코)

46단: [짧은뜨기 9, 코늘리기 1] × 6(66코)

47단: [짧은뜨기 10, 코늘리기 1] × 6(72코)

48단: [짧은뜨기 11, 코늘리기 1] × 6(78코)

49~63단: 짧은뜨기 78(78코) (사진 25)

① 인형 눈을 53, 54단 사이에 붙인다. 16코 정도의 간격으로 다리와 나란하게 정렬한다.(사진 26)

② 주둥이에 충전재를 채우고 머리의 44~57단 사이, 눈 사이 중앙에 고정한다.

③ 분홍색 실로 눈 아래에 수놓는다.

④ 충전재를 채운다.

64단: [짧은뜨기 11, 안 보이게 코줄이기 1] × 6(72코)

65단: [짧은뜨기 10, 안 보이게 코줄이기 1] × 6(66코)

66단: [짧은뜨기 9, 안 보이게 코줄이기 1] × 6(60코)

67단: [짧은뜨기 8, 안 보이게 코줄이기 1] × 6(54코)

68단: [짧은뜨기 7, 안 보이게 코줄이기 1] × 6(48코)

69단: [짧은뜨기 6, 안 보이게 코줄이기 1] × 6(42코)

70단: [짧은뜨기 5, 안 보이게 코줄이기 1] × 6(36코)

71단: [짧은뜨기 4, 안 보이게 코줄이기 1] × 6(30코)

72단: [짧은뜨기 3, 안 보이게 코줄이기 1] × 6(24코)

충전재 넣기를 마무리한다.

73단: [짧은뜨기 2, 안 보이게 코줄이기 1] × 6(18코)

74단: [짧은뜨기 1, 안 보이게 코줄이기 1] × 6(12코)

75단: 안 보이게 코줄이기 6(6코)

꼬리실을 남기고 끊는다. 돗바늘로 모든 코의 앞쪽 고리를 통과하여 힘 있게 잡아당겨 조여 마무리한다.

팔(2개) 실: 갈색 곰 ● 베이지색 / 하얀색 곰 ○ 하얀색

1단: 매직링에 짧은뜨기 6(6코)

2단: 코늘리기 6(12코)

3단: [짧은뜨기 1, 코늘리기 1] × 6(18코)

4단: [짧은뜨기 2, 코늘리기 1] × 6(24코)

5~6단: 짧은뜨기 24(24코)

7단: 안 보이게 코줄이기 2, 짧은뜨기 3, 코늘리기 1, [짧은뜨기 2, 코늘리기 1] × 3, 짧은뜨기 3, 안 보이게 코줄이기 2(24코)

8단: 짧은뜨기 24(24코)

실 바꾸기: ● 민트색

9단: 짧은뜨기 24(24코)

9단의 마지막 코에 마커로 표시해 두면 소매를 만들 때 편하다. 충전재를 채우며 작업한다.

10단: 뒷고리 이랑뜨기로 짧은뜨기 24(24코)

11~12단: 짧은뜨기 24(24코)

13단: [짧은뜨기 2, 안 보이게 코줄이기 1] × 6(18코)

14~16단: 짧은뜨기 18(18코)

충전재 넣기를 마무리한다.

17단: [짧은뜨기 1, 안 보이게 코줄이기 1] × 6(12코)

18~20단: 짧은뜨기 12(12코)

21단: 안 보이게 코줄이기 6(6코)

꼬리실을 남기고 끊는다.

소매 실: ● 연하늘색

손이 위쪽으로 가도록 팔을 거꾸로 잡고 작업한다. 마커로 표시해 둔 9단, 코의 앞쪽 고리에 바늘을 넣고 시작한다.

1단: 앞고리 이랑뜨기로 짧은뜨기 24(24코)

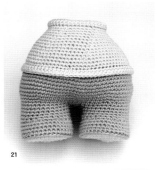

`21`

`22`

2단: 짧은뜨기 24(24코)

실을 끊고 정리한다. (사진 27)

꼬리 실: 갈색 곰 ● 베이지색 / 하얀색 곰 ○ 하얀색

1단: 매직링에 짧은뜨기 8(8코)

2단: 코늘리기 8(16코)

3단: [짧은뜨기 1, 코늘리기 1] × 8(24코)

4~6단: 짧은뜨기 24(24코)

충전재를 채운다. 꼬리실을 남기고 끊는다.

귀(2개) 실: 갈색 곰 ● 베이지색 / 하얀색 곰 ○ 하얀색

1단: 매직링에 짧은뜨기 6(6코)

2단: 코늘리기 6(12코)

3단: [짧은뜨기 1, 코늘리기 1] × 6(18코)

4~7단: 짧은뜨기 18(18코)

귀는 충전재를 넣지 않는다. 꼬리실을 남기고 끊는다.

연결하기

• 인형 뒤쪽 19단과 24단 사이에 꼬리를 붙인다.

• 팔의 위쪽 부분을 납작하게 누르면서 두 팔 사이에 21코 간격을 두고 40단, 몸의 양옆에 붙인다.

• 귀를 61단과 68단 사이 머리 옆면에 붙인다. (사진 28)

`23`

`24`

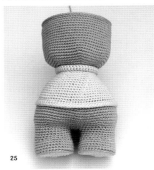

`25`

`26`

`27`

`28`

사슴 베카 ♥ 베카는 사랑스럽고 친절한 사슴이에요. 베카는 열심히 일하고, 숲을 산책하고, 로맨틱한 영화를 보러 영화관에 가는 걸 좋아해요.

난이도: *(*)
완성 사이즈: 키 21cm

준비물

<실>
- ● 적갈색
- ● 크림색
- ● 민트색
- ○ 연하늘색(소량)
- ○ 하얀색(소량)
- ● 분홍색(소량)
- ● 검은색(소량)
- ● 갈색(소량)

코바늘(2mm) / 인형 눈 2개(6mm)
두꺼운 종이(다리 지지용)
돗바늘 / 마커 / 가위 / 핀 / 충전재

사슴 베카
티셔츠를 입은 기본 인형

중요해요!

→ 먼저 인형이 입을 옷을 선택하세요. 의상에 따라 기본 동물인형이 달라질 수 있어요. 이 패턴은 티셔츠를 입은 베카의 기본 패턴입니다.
→ 베카의 몸과 팔은 휴고와 같아요. 휴고의 패턴을 참고하세요.
(p.19~23)

다리(2개) 실: ● 크림색 ● 적갈색

● 크림색. 사슬뜨기 7(휴고 사진 1)
1단: 2번째 사슬코에서 시작하여 짧은뜨기 5, 1코에 짧은뜨기 3(휴고 사진 2), 기초 사슬코의 반대쪽 고리에 짧은뜨기 4, 코늘리기 1(휴고 사진 3)(14코)

2단: 코늘리기 1, 짧은뜨기 4, 코늘리기 4, 짧은뜨기 4, 코늘리기 1(20코)
3단: 짧은뜨기 1, 코늘리기 1, 짧은뜨기 4, [짧은뜨기 1, 코늘리기 1] × 3, 코늘리기 1, 짧은뜨기 5, 코늘리기 1, 짧은뜨기 1(26코)
4단: 짧은뜨기 1, 코늘리기 1, 짧은뜨기 4, [코늘리기 1, 짧은뜨기 1] × 5, 코늘리기 1, 짧은뜨기 6, 코늘리기 1, 짧은뜨기 2(34코)
5단: 짧은뜨기 2, 코늘리기 1, 짧은뜨기 9, [코늘리기 1, 짧은뜨기 3] × 2, 코늘리기 1, 짧은뜨기 9, 코늘리기 1, 짧은뜨기 2, 코늘리기 1(40코)

발 만들기: 두꺼운 종이에 발 모양을 대고 그려 자른 다음, 발 안쪽에 넣는다.(휴고 사진 4)

실 바꾸기: ● 적갈색
6단: 짧은뜨기 40(40코)
7단: 뒷고리 이랑뜨기로 짧은뜨기 40(40코)
8~10단: 짧은뜨기 40(40코)
11단: 짧은뜨기 11, 안 보이게 코줄이기 4, 짧은뜨기 2, 안 보이게 코줄이기 4, 짧은뜨기 11(32코)
12~14단: 짧은뜨기 32(32코)
실을 끊고 정리한다. 첫 번째 다리는 14단이 끝난 곳에서 뒤로 10코 지점에 마커로 표시한다. 두 번째 다리는 14단이 끝난 곳에서 앞으로 11코 지점에 마커로 표시한다.

연결 조각 실: ● 적갈색

1단: 매직링에 짧은뜨기 6(6코)
2단: 코늘리기 6(12코)(휴고 사진 5)
실을 끊지 않고 다음 단에서 다리와 연결한다.

몸 실: ● 적갈색 ● 민트색

위에서 작업한 연결 조각(휴고 사진 6)을 몸통에 연결한다. 첫 번째 다리에 마커로 표시해 둔 코에 바늘을 넣는다.(휴고 사진 7)
15단: ● 적갈색
① 연결 조각과 다리를 통과하여 짧은뜨기 3(휴고 사진 8), 첫 번째 다리에 짧은뜨기 29(휴고 사진 9), 연결 조각에 짧은뜨기 3(휴고 사진 10)
② 두 번째 다리에 마커로 표시해 둔 코에 바늘을 넣는다.(휴고 사진 11, 마커 유지하기), 두 번째 다리에 짧은뜨기 29(휴고 사진 12), 연결 조각과 다리를 통과하여 짧은뜨기 3(휴고 사진 13, 14)(67코)

③ 코에서 바늘을 빼서 두 번째 다리 마커로 표시해 둔 코에 바늘을 넣는다. 빼 두었던 코와 동시에 실을 걸어 빼낸다.

16단:
① 사슬뜨기 1, 두 번째 다리에 마커로 표시해 둔 코에 짧은뜨기 1, 여기가 16단의 첫코가 된다.(휴고 사진 15, 16)
② 두 번째 다리에 짧은뜨기 28, 연결 조각에 짧은뜨기 3, 첫 번째 다리에 짧은뜨기 29, 연결 조각에 짧은뜨기 3(64코)
17단: [짧은뜨기 7, 코늘리기 1] × 8(72코)
18단: [짧은뜨기 8, 코늘리기 1] × 8(80코)
19~21단: 짧은뜨기 80(80코)
22단: 짧은뜨기 16, 안 보이게 코줄이기 1, 짧은뜨기 38, 안 보이게 코줄이기 1, 짧은뜨기 22(78코)
23~25단: 짧은뜨기 78(78코)
충전재를 채운다.
실 바꾸기: ● 민트색
26단: 짧은뜨기 78(78코)
실을 끊고 정리한다.

옷 단 실: ● 연하늘색
인형 몸을 거꾸로 잡고 작업한다.(옷 단이 몸의 아래쪽을 향해 덮이도록 뜬다.) 26단의 등쪽 가운데 코에서 시작한다. 코의 앞쪽 고리에 바늘을 넣고 시작한다.(휴고 사진 17)
1단: 앞고리 이랑뜨기로 짧은뜨기 78(78코)
2단: 짧은뜨기 78(78코)(휴고 사진 18)
실을 끊고 정리한다.

몸(앞 부분에서 계속) 실: ● 민트색
인형을 다시 바로 세워 다리가 아래에 있도록 잡고 작업한다. 민트색 실로 작업한 26단의 등쪽 가운데 코에서 시작한다. 코의 뒤쪽 고리에 바늘을 넣고 시작한다.(휴고 사진 19)
27단: 뒷고리 이랑뜨기로 짧은뜨기 78(78코)
28~29단: 짧은뜨기 78(78코)
30단: [짧은뜨기 11, 안 보이게 코줄이기 1] × 6(72코)
31단: 짧은뜨기 72(72코)
32단: [짧은뜨기 10, 안 보이게 코줄이기 1] × 6(66코)
33단: 짧은뜨기 66(66코)

34단: [짧은뜨기 9, 안 보이게 코줄이기 1] × 6(60코)
35단: 짧은뜨기 60(60코)
36단: [짧은뜨기 8, 안 보이게 코줄이기 1] × 6(54코)
37단: 짧은뜨기 54(54코)
38단: [짧은뜨기 7, 안 보이게 코줄이기 1] × 6(48코)
39단: 짧은뜨기 48(48코)
40단: [짧은뜨기 6, 안 보이게 코줄이기 1] × 6(42코)
실을 끊고 정리한다.

깃 실: ● 연하늘색
인형 몸을 거꾸로 잡고 작업한다. 40단의 등쪽 가운데 코에서 시작한다. 코의 앞쪽 고리에 바늘을 넣고 시작한다.(휴고 사진 20)
1단: 앞고리 이랑뜨기로 짧은뜨기 42(42코)
2단: 짧은뜨기 42(42코)(휴고 사진 21)
실을 끊고 정리한다. 충전재를 채운다.

머리 실: ● 크림색
인형을 바로 세워 다리가 아래에 있도록 잡고 작업한다. 40단, 등쪽 가운데 코에서 시작한다.
41단: 뒷고리 이랑뜨기로 짧은뜨기 42(42코)
42단: 짧은뜨기 42(42코)
43단: [짧은뜨기 6, 코늘리기 1] × 6(48코)
44단: [짧은뜨기 7, 코늘리기 1] × 6(54코)
45단: [짧은뜨기 8, 코늘리기 1] × 6(60코)
46단: [짧은뜨기 9, 코늘리기 1] × 6(66코)
47단: [짧은뜨기 10, 코늘리기 1] × 6(72코)
48단: [짧은뜨기 11, 코늘리기 1] × 6(78코)
49~63단: 짧은뜨기 78(78코)
① 인형 눈을 51, 52단 사이에 붙인다. 16코 정도의 간격으로 다리와 나란하게 정렬한다.
② 분홍색 실로 눈 아래에 수놓는다.
③ 충전재를 채운다.
64단: [짧은뜨기 11, 안 보이게 코줄이기 1] × 6(72코)
65단: [짧은뜨기 10, 안 보이게 코줄이기 1] × 6(66코)
66단: [짧은뜨기 9, 안 보이게 코줄이기 1] × 6(60코)
67단: [짧은뜨기 8, 안 보이게 코줄이기 1] × 6(54코)

68단: [짧은뜨기 7, 안 보이게 코줄이기 1] × 6(48코)

69단: [짧은뜨기 6, 안 보이게 코줄이기 1] × 6(42코)

70단: [짧은뜨기 5, 안 보이게 코줄이기 1] × 6(36코)

71단: [짧은뜨기 4, 안 보이게 코줄이기 1] × 6(30코)

72단: [짧은뜨기 3, 안 보이게 코줄이기 1] × 6(24코)

충전재 넣기를 마무리한다.

73단: [짧은뜨기 2, 안 보이게 코줄이기 1] × 6(18코)

74단: [짧은뜨기 1, 안 보이게 코줄이기 1] × 6(12코)

75단: 안 보이게 코줄이기 6(6코)

꼬리실을 남기고 끊는다. 돗바늘로 모든 코의 앞쪽 고리를 통과하여 힘 있게 잡아당겨 조여 마무리한다. (사진 1)

머리 2 실: ● 적갈색

1단: 매직링에 짧은뜨기 6(6코)

2단: 코늘리기 6(12코)

3단: [짧은뜨기 1, 코늘리기 1] × 6(18코)

4단: [짧은뜨기 2, 코늘리기 1] × 6(24코)

5단: [짧은뜨기 3, 코늘리기 1] × 6(30코)

6단: [짧은뜨기 4, 코늘리기 1] × 6(36코)

7단: [짧은뜨기 5, 코늘리기 1] × 6(42코)

8단: [짧은뜨기 6, 코늘리기 1] × 6(48코)

9단: [짧은뜨기 7, 코늘리기 1] × 6(54코)

10단: [짧은뜨기 8, 코늘리기 1] × 6(60코)

11단: [짧은뜨기 9, 코늘리기 1] × 6(66코)

12단: [짧은뜨기 10, 코늘리기 1] × 6(72코)

13단: [짧은뜨기 11, 코늘리기 1] × 6(78코)

14~23단: 짧은뜨기 78(78코)

24단: 짧은뜨기 78, 사슬뜨기 1, 뒤집기(78코)

25단: 짧은뜨기 22, 사슬뜨기 1, 뒤집기(22코)

뜨지 않은 코는 그대로 두고 작업한다.

26단: 첫코 건너뛰고 짧은뜨기 19, 1코 건너뛰고 짧은뜨기 1, 사슬뜨기 1, 뒤집기(20코)

27단: 첫코 건너뛰고 짧은뜨기 17, 1코 건너뛰고 짧은뜨기 1, 사슬뜨기 1, 뒤집기(18코)

28단: 첫코 건너뛰고 짧은뜨기 15, 1코 건너뛰고 짧은뜨기 1, 사슬뜨기 1, 뒤집기(16코)

29단: 첫코 건너뛰고 짧은뜨기 13, 1코 건너뛰고 짧은뜨기 1, 사슬뜨기1 , 뒤집기(14코)

30단: 첫코 건너뛰고 짧은뜨기 11, 1코 건너뛰고 짧은뜨기 1, 사슬뜨기 1, 뒤집기(12코)

31단: 첫코 건너뛰고 짧은뜨기 9, 1코 건너뛰고 짧은뜨기 1, 사슬뜨기 1, 뒤집기(10코)

32단: 첫코 건너뛰고 짧은뜨기 7, 1코 건너뛰고 짧은뜨기 1, 사슬뜨기 1, 뒤집기(8코)

33단: 첫코 건너뛰고 짧은뜨기 5, 1코 건너뛰고 짧은뜨기 1, 사슬뜨기 1, 뒤집기(6코)

34단: 첫코 건너뛰고 짧은뜨기 3, 1코 건너뛰고 짧은뜨기 1, 사슬뜨기 1, 뒤집기(4코)

35~39단: 짧은뜨기 4, 사슬뜨기 1, 뒤집기(4코)

40단: 짧은뜨기 4(4코) (사진 2)

꼬리실과 돗바늘로 머리 1의 뒤쪽 41단, 앞쪽 48단의 위치에 오도록 고정한다. (사진 3, 4)

1

2

3

4

주둥이 실: ○ 하얀색

1단: 매직링에 짧은뜨기 6(6코)

2단: 코늘리기 6(12코)

3단: [짧은뜨기 1, 코늘리기 1] × 6(18코)

4단: [짧은뜨기 2, 코늘리기 1] × 6(24코)

실을 끊고 정리한다. 검은색 실로 코를 수놓는다.(사진 5) 주둥이는 충전재를 채우지 않는다. 머리의 47~55단 사이 가운데에 주둥이를 붙인다.(사진 6) 하얀색 실로 머리 가운데에 점을 수놓는다.(사진 7)

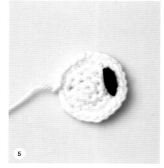

팔(2개) 실: ● 적갈색 ● 민트색

1단: ● 적갈색. 매직링에 짧은뜨기 6(6코)

2단: 코늘리기 6(12코)

3단: [짧은뜨기 1, 코늘리기 1] × 6(18코)

4단: [짧은뜨기 2, 코늘리기 1] × 6(24코)

5~6단: 짧은뜨기 24(24코)

7단: 안 보이게 코줄이기 2, 짧은뜨기 3, 코늘리기 1, [짧은뜨기 2, 코늘리기 1] × 3, 짧은뜨기 3, 안 보이게 코줄이기 2(24코)

8단: 짧은뜨기 24(24코)

실 바꾸기: ● 민트색

9단: 짧은뜨기 24(24코)

9단의 마지막 코에 마커로 표시해 두면 소매를 만들 때 편하다.충전재를 채우며 작업한다.

10단: 뒷고리 이랑뜨기로 짧은뜨기 24(24코)

11~12단: 짧은뜨기 24(24코)

13단: [짧은뜨기 2, 안 보이게 코줄이기 1] × 6(18코)

14~16단: 짧은뜨기 18(18코)

충전재 넣기를 마무리한다.

17단: [짧은뜨기 1, 안 보이게 코줄이기 1] × 6(12코)

18~20단: 짧은뜨기 12(12코)

21단: 안 보이게 코줄이기 6(6코)

꼬리실을 남기고 끊는다.

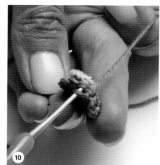

소매 실: ● 연하늘색

손 부분이 위쪽으로 가도록 팔을 거꾸로 잡고 작업한다. 마커로 표시해 둔 9단, 코의 앞쪽 고리에 바늘을 넣고 시작한다.

1단: 앞고리 이랑뜨기로 짧은뜨기 24(24코)

2단: 짧은뜨기 24(24코)

실을 끊고 정리한다. (사진 8)

꼬리 실: ● 적갈색

1단: 매직링에 짧은뜨기 6(6코)

2단: 코늘리기 6(12코)

3~5단: 짧은뜨기 12(12코)

충전재를 채운다.

6단: [짧은뜨기 1, 안 보이게 코줄이기 1] × 4(8코)

7단: 짧은뜨기 8(8코)

8단: 안 보이게 코줄이기 4(4코)

꼬리실을 남기고 끊는다.

뿔(2개) 실: ● 갈색

꼬리실을 길게 남겨두고 시작한다. 사슬뜨기 8, 첫코에 빼뜨기해서 원을 만든다.

1단: 사슬뜨기 1, 원 안에 짧은뜨기 12(12코) (참고: 사슬원형코 p.13)

2~5단: 짧은뜨기 12(12코)

전체적으로 6코씩 2부분으로 나누어 작업한다. 6코는 긴 뿔, 6코는 짧은 뿔 부분이 된다.

긴 뿔 실: ● 갈색

6~13단: 짧은뜨기 6(6코)

14단: 안 보이게 코줄이기 3(3코)

실을 끊고 정리한다.

짧은 뿔 실: ● 갈색

긴 뿔 옆에 뜨지 않은 코에서 시작한다.

6~10단: 짧은뜨기 6(6코)

11단: 안 보이게 코줄이기 3(3코) (사진 9)

실을 끊고 정리한다.

안쪽 귀(2개) 실: ◔ 크림색

1단: 매직링 안에 짧은뜨기 6(6코)

2단: 코늘리기 6(12코)

실을 끊고 정리한다.

바깥쪽 귀(2개) 실: ● 적갈색

1단: 매직링 안에 짧은뜨기 6(6코)

2단: 코늘리기 6(12코)

실을 끊지 않고 안쪽 귀와 바깥쪽 귀를 포개어 동시에 통과하여 작업한다. (사진 10)

3단: [짧은뜨기 1, 코늘리기 1] × 3, 다음 코에 긴뜨기 2+사슬 3 피코 스티치+긴뜨기 1, [짧은뜨기 1, 코늘리기 1] × 2, 짧은뜨기 1(19코+ 피코 스티치 1)

꼬리실을 남기고 끊는다. (사진 11)

연결하기

- 인형 몸 뒤쪽 19단에 꼬리를 붙인다.
- 팔의 위쪽 부분을 납작하게 누르면서 두 팔 사이에 21코 간격을 두고 몸의 양옆 40단에 붙인다.
- 뿔을 16코의 간격을 두고 15단과 17단 사이 머리 옆면에 붙인다.
- 뿔 앞쪽에 귀를 붙인다. (사진 12)

강아지 던컨 ♥ 던컨은 다정하고, 수다스러운 강아지예요. 파티가 열리는 곳이라면 어디에서든 친구들에 둘러싸인 던컨을 볼 수 있을 거예요. 던컨에게 사랑을 보여주면, 그는 영원히 당신 곁에 있을 거예요.

난이도: ＊(＊)
완성 사이즈: 키 21㎝

준비물

<실>
- ● 회갈색
- ◌ 크림색
- ◉ 민트색
- ◌ 연하늘색(소량)
- ● 검은색(소량)
- ◉ 분홍색(소량)

코바늘(2mm) / 인형 눈 2개(6mm)
두꺼운 종이(다리 지지용)
돗바늘 / 마커 / 가위 / 핀 / 충전재

강아지 던컨

티셔츠를 입은 기본 인형

중요해요!

→ 먼저 인형이 입을 옷을 선택하세요. 의상에 따라 기본 동물인형이 달라질 수 있어요. 이 패턴은 티셔츠를 입은 던컨의 기본 패턴입니다.

→ 던컨의 몸과 팔은 휴고와 같아요. 휴고의 패턴을 참고하세요.

(p.19~22)

다리(2개) 실: ◌ 크림색 ● 회갈색

◌ 크림색. 사슬뜨기 7(휴고 사진 1)

1단: 2번째 사슬코에서 시작하여 짧은뜨기 5, 1코에 짧은뜨기 3(휴고 사진 2), 기초 사슬코의 반대쪽 고리에 짧은뜨기 4, 코늘리기 1(휴고 사진 3)(14코)

2단: 코늘리기 1, 짧은뜨기 4, 코늘리기 4, 짧은뜨기 4, 코늘리기 1(20코)

3단: 짧은뜨기 1, 코늘리기 1, 짧은뜨기 4, [짧은뜨기 1, 코늘리기 1] × 3, 코늘리기 1, 짧은뜨기 5, 코늘리기 1, 짧은뜨기 1(26코)

4단: 짧은뜨기 1, 코늘리기 1, 짧은뜨기 4, [코늘리기 1, 짧은뜨기 1] × 5, 코늘리기 1, 짧은뜨기 6, 코늘리기 1, 짧은뜨기 2(34코)

5단: 짧은뜨기 2, 코늘리기 1, 짧은뜨기 9, [코늘리기 1, 짧은뜨기 3] × 2, 코늘리기 1, 짧은뜨기 9, 코늘리기 1, 짧은뜨기 2, 코늘리기 1(40코)

발 만들기: 두꺼운 종이에 발 모양을 대고 그려 자른 다음, 발 안쪽에 넣는다.(휴고 사진 4)

실 바꾸기: ● 회갈색

6단: 짧은뜨기 40(40코)

7단: 뒷고리 이랑뜨기로 짧은뜨기 40(40코)

8~10단: 짧은뜨기 40(40코)

11단: 짧은뜨기 11, 안 보이게 코줄이기 4, 짧은뜨기 2, 안 보이게 코줄이기 4, 짧은뜨기 11(32코)

12~14단: 짧은뜨기 32(32코)

실을 끊고 정리한다. 첫 번째 다리는 14단이 끝난 곳에서 뒤로 10코 지점에 마커로 표시한다. 두 번째 다리는 14단이 끝난 곳에서 앞으로 11코 지점에 마커로 표시한다.

연결 조각 실: ● 회갈색

1단: 매직링에 짧은뜨기 6(6코)

2단: 코늘리기 6(12코)(휴고 사진 5)

실을 끊지 않고 다음 단에서 다리와 연결한다.

몸 실: ● 회갈색 ◉ 민트색

위에서 작업한 연결 조각(휴고 사진 6)을 몸통에 연결한다. 첫 번째 다리에 마커로 표시해 둔 코에 바늘을 넣는다.(휴고 사진 7)

15단: ● 회갈색

① 연결 조각과 다리를 동시에 통과하여 짧은뜨기 3(휴고 사진 8), 첫 번째 다리에 짧은뜨기 29(휴고 사진 9), 연결 조각에 짧은뜨기 3(휴고 사진 10)

② 두 번째 다리에 마커로 표시해 둔 코에 바늘을 넣는다.(휴고 사진 11, 마커 유지하기), 두 번째 다리에 짧은뜨기 29(휴고 사진 12), 연결 조각과 다리를 동시에 통과하여 짧은뜨기 3(휴고 사진 13, 14)(67코)

③ 코에서 바늘을 빼서 두 번째 다리 마커로 표시해 둔 코에 바늘을 넣

는다. 빼 두었던 코와 동시에 실을 걸어 빼낸다.

16단:

① 사슬뜨기 1, 두 번째 다리에 마커로 표시해 둔 코에 짧은뜨기 1, 여기가 16단의 첫코가 된다.(휴고 사진 15, 16)

② 두 번째 다리에 짧은뜨기 28, 연결 조각에 짧은뜨기 3, 첫 번째 다리에 짧은뜨기 29, 연결 조각에 짧은뜨기 3(64코)

17단: [짧은뜨기 7, 코늘리기 1] × 8(72코)

18단: [짧은뜨기 8, 코늘리기 1] × 8(80코)

19~21단: 짧은뜨기 80(80코)

22단: 짧은뜨기 16, 안 보이게 코줄이기 1, 짧은뜨기 38, 안 보이게 코줄이기 1, 짧은뜨기 22(78코)

23~25단: 짧은뜨기 78(78코)

충전재를 채운다.

실 바꾸기: ● 민트색

26단: 짧은뜨기 78(78코)

실을 끊고 정리한다.

옷 단 실: ● 연하늘색

인형 몸을 거꾸로 잡고 작업한다.(옷 단이 몸의 아래쪽을 향해 덮이도록 뜬다.) 26단의 등쪽 가운데 코에서 시작한다. 코의 앞쪽 고리에 바늘을 넣고 시작한다.(휴고 사진 17)

1단: 앞고리 이랑뜨기로 짧은뜨기 78(78코)

2단: 짧은뜨기 78(78코)(휴고 사진 18)

실을 끊고 정리한다.

몸(앞 부분에서 계속) 실: ● 민트색

인형을 다시 바로 세워 다리가 아래에 있도록 잡고 작업한다. 민트색 실로 작업한 26단의 등쪽 가운데 코에서 시작한다. 코의 뒤쪽 고리에 바늘을 넣고 시작한다.(휴고 사진 19)

27단: 뒷고리 이랑뜨기로 짧은뜨기 78(78코)

28~29단: 짧은뜨기 78(78코)

30단: [짧은뜨기 11, 안 보이게 코줄이기 1] × 6(72코)

31단: 짧은뜨기 72(72코)

32단: [짧은뜨기 10, 안 보이게 코줄이기 1] × 6(66코)

33단: 짧은뜨기 66(66코)

34단: [짧은뜨기 9, 안 보이게 코줄이기 1] × 6(60코)

35단: 짧은뜨기 60(60코)

36단: [짧은뜨기 8, 안 보이게 코줄이기 1] × 6(54코)

37단: 짧은뜨기 54(54코)

38단: [짧은뜨기 7, 안 보이게 코줄이기 1] × 6(48코)

39단: 짧은뜨기 48(48코)

40단: [짧은뜨기 6, 안 보이게 코줄이기 1] × 6(42코)

실을 끊고 정리한다.

깃 실: ● 연하늘색

인형 몸을 거꾸로 잡고 작업한다. 40단의 등쪽 가운데 코에서 시작한다. 코의 앞쪽 고리에 바늘을 넣고 시작한다.(휴고 사진 20)

1단: 앞고리 이랑뜨기로 짧은뜨기 42(42코)

2단: 짧은뜨기 42(42코)(휴고 사진 21)

실을 끊고 정리한다. 충전재를 채운다.

머리 실: ● 크림색 ● 회갈색

1단: ● 크림색. 매직링에 사슬뜨기 6(6코)

2단: 코늘리기 6(12코)

3단: [짧은뜨기 1, 코늘리기 1] × 6(18코)

4단: [짧은뜨기 2, 코늘리기 1] × 6(24코)

5단: [짧은뜨기 3, 코늘리기 1] × 6(30코)

6단: [짧은뜨기 4, 코늘리기 1] × 6(36코)

7단: [짧은뜨기 5, 코늘리기 1] × 6(42코)

8단: [짧은뜨기 6, 코늘리기 1] × 6(48코)

9단: [짧은뜨기 7, 코늘리기 1] × 6(54코)

10단: [짧은뜨기 8, 코늘리기 1] × 6(60코)

11단: [짧은뜨기 9, 코늘리기 1] × 6(66코)

12단: [짧은뜨기 10, 코늘리기 1] × 6(72코)

13단: [짧은뜨기 11, 코늘리기 1] × 6(78코)

실 바꾸기: ● 회갈색

다음 단부터 회갈색과 크림색 실을 번갈아 사용한다. 전체를 한 가지 색으로만 만들어도 좋다.

14~28단: ● 짧은뜨기 26, ● 짧은뜨기 52(78코)

29단: ● [짧은뜨기 11, 안 보이게 코줄이기 1] × 2, ● [짧은뜨기 11, 안 보이게 코줄이기 1] × 4(72코)

30단: ● [짧은뜨기 10, 안 보이게 코줄이기 1] × 2, ● [짧은뜨기

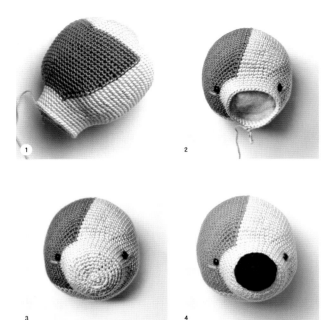

35~40단: 짧은뜨기 42(42코)(사진 1)

① 인형 눈을 33, 34단 사이에 붙인다. 18코 정도의 간격으로 다리와 나란하게 정렬한다.

② 분홍색 실로 눈 아래에 수놓는다.

③ 충전재를 채운다.(사진 2)

41단: [짧은뜨기 5, 안 보이게 코줄이기 1] × 6(36코)

42단: [짧은뜨기 4, 안 보이게 코줄이기 1] × 6(30코)

43단: [짧은뜨기 3, 안 보이게 코줄이기 1] × 6(24코)

44단: [짧은뜨기 2, 안 보이게 코줄이기 1] × 6(18코)

45단: [짧은뜨기 1, 안 보이게 코줄이기 1] × 6(12코)

46단: 안 보이게 코줄이기 6(6코)

꼬리실을 남기고 끊는다. 돗바늘로 모든 코의 앞쪽 고리를 통과하여 힘 있게 잡아당겨 조인다. 실을 끊고 정리한다.(사진 3)

코 실: ● 검은색

1단: 매직링 안에 짧은뜨기6(6코)

2단: 코늘리기 6(12코)

3단: [짧은뜨기 1, 코늘리기 1] × 6(18코)

4단: [짧은뜨기 2, 코늘리기 1] × 6(24코)

5단: 짧은뜨기 24(24코)

꼬리실을 남기고 끊는다. 코를 머리의 40단과 46단 사이에 붙인다.(사진 4) 머리 14단과 26단을 몸에 바느질하여 고정한다.(사진 5)

팔(2개) 실: ● 회갈색 ● 민트색

1단: ● 회갈색. 매직링에 짧은뜨기6(6코)

2단: 코늘리기 6(12코)

3단: [짧은뜨기 1, 코늘리기 1] × 6(18코)

4단: [짧은뜨기 2, 코늘리기 1] × 6(24코)

5~6단: 짧은뜨기 24(24코)

7단: 안 보이게 코줄이기 2, 짧은뜨기 3, [코늘리기 1, 짧은뜨기 2] × 3, 코늘리기 1, 짧은뜨기 3, 안 보이게 코줄이기 2(24코)

8단: 짧은뜨기 24(24코)

실 바꾸기: ● 민트색

9단: 짧은뜨기 24(24코)

9단의 마지막 코에 마커로 표시해 두면 소매를 만들 때 편하다. 충전재를 채워가며 작업한다.

10, 안 보이게 코줄이기 1] × 4(66코)

31단: ● [짧은뜨기 9, 안 보이게 코줄이기 1] × 2, ● [짧은뜨기 9, 안 보이게 코줄이기 1] × 4(60코)

32단: ● [짧은뜨기 8, 안 보이게 코줄이기 1] × 2, ● [짧은뜨기 8, 안 보이게 코줄이기 1] × 4(54코)

33단: ● [짧은뜨기 7, 안 보이게 코줄이기 1] × 2, ● [짧은뜨기 7, 안 보이게 코줄이기 1] × 4(48코)

34단: ● [짧은뜨기 6, 안 보이게 코줄이기 1] × 2, ● [짧은뜨기 6, 안 보이게 코줄이기 1] × 4(42코)

● 크림색 실로 계속

10단: 뒷고리 이랑뜨기로 짧은뜨기 24(24코)

11~12단: 짧은뜨기 24(24코)

13단: [짧은뜨기 2, 안 보이게 코줄이기 1] × 6(18코)

14~16단: 짧은뜨기 18(18코)

충전재 넣기를 마무리한다.

17단: [짧은뜨기 1, 안 보이게 코줄이기 1] × 6(12코)

18~20단: 짧은뜨기 12(12코)

21단: 안 보이게 코줄이기 6(6코)

꼬리실을 남기고 끊는다.

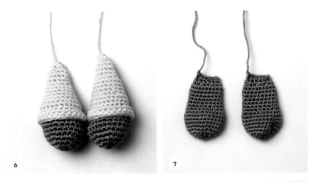

소매 실: ○ 연하늘색

손 부분이 위쪽으로 가도록 팔을 거꾸로 잡고 작업한다. 마커로 표시해 둔 9단, 코의 앞쪽 고리에 바늘을 넣고 시작한다.

1단: 앞고리 이랑뜨기로 짧은뜨기 24(24코)

2단: 짧은뜨기 24(24코)

실을 끊고 정리한다.(사진 6)

귀(2개) 실: ● 회갈색

1단: 매직링에 짧은뜨기 6(6코)

2단: 코늘리기 6(12코)

3단: [짧은뜨기 1, 코늘리기 1] × 6(18코)

4단: [짧은뜨기 2, 코늘리기 1] × 6(24코)

5~9단: 짧은뜨기 24(24코)

10단: [짧은뜨기 2, 안 보이게 코줄이기 1] × 6(18코)

11~17단: 짧은뜨기 18(18코).

18단: [짧은뜨기 1, 안 보이게 코줄이기 1] × 6(12코)

귀는 충전재를 채우지 않는다. 귀를 납작하게 누르면서 작업한다. 두 코를 한번에 뜨면서 입구를 막는다.

19단: 짧은뜨기 6(사진 7)

꼬리실을 남기고 끊는다.

꼬리 실: ● 회갈색

1단: 매직링에 짧은뜨기 6(6코)

2단: [짧은뜨기 1, 코늘리기 1] × 3(9코)

3단: 짧은뜨기 9(9코)

4단: [짧은뜨기 2, 코늘리기 1] × 3(12코)

5~9단: 짧은뜨기 12(12코)

10단: [짧은뜨기 1, 코늘리기 1] × 6(18코)

11~15단: 짧은뜨기 18(18코)

꼬리실을 남기고 끊는다. 충전재를 채운다.

연결하기

- 인형 몸 뒤쪽 19단과 24단 사이에 꼬리를 붙인다.
- 팔의 위쪽 부분을 납작하게 누르면서 두 팔 사이에 21코 간격을 두고 몸의 양옆 40단에 붙인다.
- 귀를 15단과 18단 사이 머리 옆면에 붙인다.(사진 8)

코끼리 레이! ♥ 레이는 친절하고, 인내심이 있으며, 지혜로운 친구예요. 당신이 어려움이 처했을 때 힘이 될 거예요. 게다가 레이의 베이킹 실력은 정말 놀라워요. 레이가 만든 홈메이드 쿠키는 모두가 좋아하지요.

난이도: *(*)
완성 사이즈: 키 21cm

준비물

<실>
- 크림색
- 민트색
- 연하늘색(소량)
- 하얀색(소량)
- 분홍색(소량)

코바늘(2mm) / 인형 눈 2개(6mm)
두꺼운 종이(다리 지지용)
돗바늘 / 마커 / 가위 / 핀 / 충전재

코끼리 레이
티셔츠를 입은 기본 인형

중요해요!

→ 먼저 인형이 입을 옷을 선택하세요. 의상에 따라 기본 동물인형이 달라질 수 있어요. 이 패턴은 티셔츠를 입은 레이의 기본 패턴입니다.

→ 레이의 몸과 팔은 휴고와 같아요. 휴고의 패턴을 참고하세요.

(p.19~23)

다리(2개) 실: ● 크림색

사슬 7(휴고 사진 1)

1단: 2번째 사슬코에서 시작하여 짧은뜨기 5, 1코에 짧은뜨기 3(휴고 사진 2), 기초 사슬코의 반대쪽 고리에 짧은뜨기 4, 코늘리기 1(휴고 사진 3)(14코)

2단: 코늘리기 1, 짧은뜨기 4, 코늘리기 4, 짧은뜨기 4, 코늘리기 1(20코)

3단: 짧은뜨기 1, 코늘리기 1, 짧은뜨기 4, [짧은뜨기 1, 코늘리기 1]

× 3, 코늘리기 1, 짧은뜨기 5, 코늘리기 1, 짧은뜨기 1(26코)

4단: 짧은뜨기 1, 코늘리기 1, 짧은뜨기 4, [코늘리기 1, 짧은뜨기 1] × 5, 코늘리기 1, 짧은뜨기 6, 코늘리기 1, 짧은뜨기 2(34코)

5단: 짧은뜨기 2, 코늘리기 1, 짧은뜨기 9, [코늘리기 1, 짧은뜨기 3] × 2, 코늘리기 1, 짧은뜨기 9, 코늘리기 1, 짧은뜨기 2, 코늘리기 1(40코)

발 만들기: 두꺼운 종이에 발 모양을 대고 그려 자른 다음, 발 안쪽에 넣는다.(휴고 사진 4)

6단: 짧은뜨기 40(40코)

7단: 뒷고리 이랑뜨기로 짧은뜨기 40(40코)

8~10단: 짧은뜨기 40(40코)

11단: 짧은뜨기 11, 안 보이게 코줄이기 4, 짧은뜨기 2, 안 보이게 코줄이기 4 , 짧은뜨기 11(32코)

12~14단: 짧은뜨기 32(32코)

실을 끊고 정리한다. 첫 번째 다리는 14단이 끝난 곳에서 뒤로 10코 지점에 마커로 표시한다. 두 번째 다리는 14단이 끝난 곳에서 앞으로 11코 지점에 마커로 표시한다.

연결 조각 실: ● 크림색

1단: 매직링에 짧은뜨기 6(6코)

2단: 코늘리기 6(12코)(휴고 사진 5)

실을 끊지 않고 다음 단에서 다리와 연결한다.

몸 실: ● 크림색 ● 민트색

위에서 작업한 연결 조각(휴고 사진 6)을 몸통에 연결한다. 첫 번째 다리에 마커로 표시해 둔 코에 바늘을 넣는다.(휴고 사진 7)

15단: ● 크림색

① 연결 조각과 다리를 통과하여 짧은뜨기 3(휴고 사진 8), 첫 번째 다리에 짧은뜨기 29(휴고 사진 9), 연결 조각에 짧은뜨기 3(휴고 사진 10)

② 두 번째 다리에 마커로 표시해 둔 코에 바늘을 넣는다.(휴고 사진11, 마커 유지하기), 두 번째 다리에 짧은뜨기 29(휴고 사진 12), 연결 조각과 다리를 통과하여 짧은뜨기 3(휴고 사진 13, 14)(67코)

③ 코에서 바늘을 빼서 두 번째 다리 마커로 표시해 둔 코에 바늘을 넣는다. 빼 두었던 코와 동시에 실을 걸어 빼낸다.

16단:

① 사슬 1, 두 번째 다리에 마커로 표시해 둔 코에 짧은뜨기 1, 여기가

16단의 첫코가 된다.(휴고 사진 15, 16)

② 두 번째 다리에 짧은뜨기 28, 연결 조각에 짧은뜨기 3, 첫 번째 다리에 짧은뜨기 29, 연결 조각에 짧은뜨기 3(64코)

17단: [짧은뜨기 7, 코늘리기 1] × 8(72코)

18단: [짧은뜨기 8, 코늘리기 1] × 8(80코)

19~21단: 짧은뜨기 80(80코)

22단: 짧은뜨기 16, 안 보이게 코줄이기 1, 짧은뜨기 38, 안 보이게 코줄이기 1, 짧은뜨기 22(78코)

23~25단: 짧은뜨기 78(78코)

충전재를 채운다.

실 바꾸기: ● 민트색

26단: 짧은뜨기 78(78코)

실을 끊고 정리한다.

옷 단 실: ● 연하늘색

인형 몸을 거꾸로 잡고 작업한다.(옷 단이 몸의 아래쪽을 향해 덮이도록 뜬다.) 26단의 등쪽 가운데 코에서 시작한다. 코의 앞쪽 고리에 바늘을 넣고 시작한다.(휴고 사진 17)

1단: 앞고리 이랑뜨기로 짧은뜨기 78(78코)

2단: 짧은뜨기 78(78코)(휴고 사진 18)

실을 끊고 정리한다.

몸(앞 부분에서 계속) 실: ● 민트색

인형을 다시 바로 세워 다리가 아래에 있도록 잡고 작업한다. 민트색 실로 작업한 26단의 등쪽 가운데 코에서 시작한다. 코의 뒤쪽 고리에 바늘을 넣고 시작한다.(휴고 사진 19)

27단: 뒷고리 이랑뜨기로 짧은뜨기 78(78코)

28~29단: 짧은뜨기 78(78코)

30단: [짧은뜨기 11, 안 보이게 코줄이기 1] × 6(72코)

31단: 짧은뜨기 72(72코)

32단: [짧은뜨기 10, 안 보이게 코줄이기 1] × 6(66코)

33단: 짧은뜨기 66(66코)

34단: [짧은뜨기 9, 안 보이게 코줄이기 1] × 6(60코)

35단: 짧은뜨기 60(60코)

36단: [짧은뜨기 8, 안 보이게 코줄이기 1] × 6(54코)

37단: 짧은뜨기 54(54코)

38단: [짧은뜨기 7, 안 보이게 코줄이기 1] × 6(48코)

39단: 짧은뜨기 48(48코)

40단: [짧은뜨기 6, 안 보이게 코줄이기 1] × 6(42코)

실을 끊고 정리한다.

깃 실: ● 연하늘색

인형 몸을 거꾸로 잡고 작업한다. 40단의 등쪽 가운데 코에서 시작한다. 코의 앞쪽 고리에 바늘을 넣고 시작한다.(휴고 사진 20)

1단: 앞고리 이랑뜨기로 짧은뜨기 42(42코)

2단: 짧은뜨기 42(42코)(휴고 사진 21)

실을 끊고 정리한다. 충전재를 채운다.

코 실: ● 크림색

1단: 매직링에 짧은뜨기 6(6코)

2단: [짧은뜨기 1, 코늘리기 1] × 3(9코)

3~4단: 짧은뜨기 9(9코)

충전재를 채워가며 작업한다.

5단: [짧은뜨기 2, 코늘리기 1] × 3(12코)

6~15단: 안 보이게 코줄이기 1, 짧은뜨기 3, 코늘리기 2, 짧은뜨기 3, 안 보이게 코줄이기 1(12코)

16단: 짧은뜨기 12(12코)

17단: [짧은뜨기 2, 코늘리기 1] × 4(16코)

18~28단: 짧은뜨기 16(16코)

실을 끊고 정리한다.(사진 1) 끝부분을 살짝 말아서 바늘 몇 땀을 떠 코에 고정한다.(사진 2)

머리 실: ● 크림색

인형을 바로 세워 다리가 아래에 있도록 잡고 작업한다. 등쪽 40단의 가운데 코에서 시작한다. 코의 뒤쪽 고리에 바늘을 넣고 시작한다.

41단: 뒷고리 이랑뜨기로 짧은뜨기 42(42코)

다음 단에서 머리와 코를 연결한다. 코의 윗부분의 높이와 머리의 윗부분 높이를 맞춰 손으로 잡는다.

42단: 짧은뜨기 20, 머리와 코를 통과하여 짧은뜨기 2(사진 3), 짧은뜨기 20(42코)

43단: 짧은뜨기 20, 뜨지 않았던 코에 짧은뜨기 14(연결 부위는 제외, 사진 4), 짧은뜨기 20(54코)

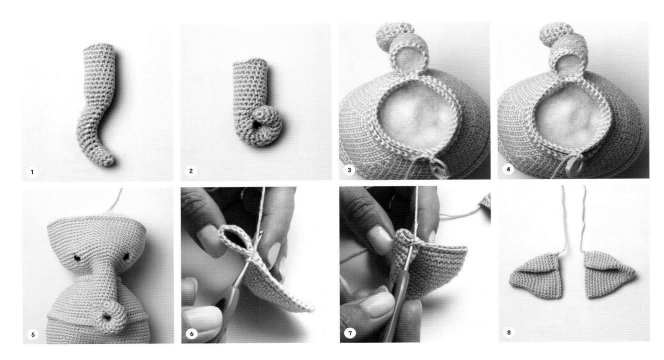

44단: [짧은뜨기 8, 코늘리기 1] × 6(60코)

45단: [짧은뜨기 9, 코늘리기 1] × 6(66코)

46단: [짧은뜨기 10, 코늘리기 1] × 6(72코)

47단: [짧은뜨기 11, 코늘리기 1] × 6(78코)

48~53단: 짧은뜨기 78(78코)

54~55단: 짧은뜨기 11, 코늘리기 1, 짧은뜨기 16, 안 보이게 코줄이기 1, 짧은뜨기 18, 안 보이게 코줄이기 1, 짧은뜨기 16, 코늘리기 1, 짧은뜨기 11(78코)

① 인형 눈을 50, 51단 사이에 붙인다. 17코 정도의 간격으로 다리와 나란하게 정렬한다.

② 분홍색 실로 눈 아래에 수놓는다.(사진 5)

56~63단: 짧은뜨기 78(78코)

충전재를 채운다.

64단: [짧은뜨기 11, 안 보이게 코줄이기 1] × 6(72코)

65단: [짧은뜨기 10, 안 보이게 코줄이기 1] × 6(66코)

66단: [짧은뜨기 9, 안 보이게 코줄이기 1] × 6(60코)

67단: [짧은뜨기 8, 안 보이게 코줄이기 1] × 6(54코)

68단: [짧은뜨기 7, 안 보이게 코줄이기 1] × 6(48코)

69단: [짧은뜨기 6, 안 보이게 코줄이기 1] × 6(42코)

70단: [짧은뜨기 5, 안 보이게 코줄이기 1] × 6(36코)

71단: [짧은뜨기 4, 안 보이게 코줄이기 1] × 6(30코)

72단: [짧은뜨기 3, 안 보이게 코줄이기 1] × 6(24코)

충전재 넣기를 마무리한다.

73단: [짧은뜨기 2, 안 보이게 코줄이기 1] × 6(18코)

74단: [짧은뜨기 1, 안 보이게 코줄이기 1] × 6(12코)

75단: 안 보이게 코줄이기 6(6코)

꼬리실을 남기고 끊는다. 돗바늘로 모든 코의 앞쪽 고리를 통과하여 힘 있게 잡아당겨 조인다. 실을 끊고 정리한다.

귀(2개) 실: ● 크림색

1단: 매직링에 짧은뜨기 6(6코)

2단: (짧은뜨기 1, 코늘리기 1) × 3(9코)

3단: (짧은뜨기 2, 코늘리기 1) × 3(12코)

4단: 짧은뜨기 12(12코)

5단: (짧은뜨기 3, 코늘리기 1) × 3(15코)

6단: (짧은뜨기 4, 코늘리기 1) × 3(18코)

7단: (짧은뜨기 2, 코늘리기 1) × 6(24코)

8단: (짧은뜨기 3, 코늘리기 1) × 6(30코)

9단: (짧은뜨기 4, 코늘리기 1) × 6(36코)

10단: 짧은뜨기 36(36코)

11단: (짧은뜨기 5, 코늘리기 1) × 6(42코)

12~16단: 짧은뜨기 42(42코)

귀는 충전재를 채우지 않는다. 귀를 납작하게 누르면서 작업한다. 두 코를 한번에 뜨면서 입구를 막는다.

17단: 짧은뜨기 21(21코)(사진 6)

귀의 한쪽 부분을 접어 4코를 레이어드 되도록 하고 짧은뜨기 5코를 한다.(사진 7, 8) 꼬리실을 남기고 끊는다.

팔(2개) 실: ● 크림색 ● 민트색

1단: ● 크림색. 매직링에 짧은뜨기 6(6코)

2단: 코늘리기 6(12코)

3단: [짧은뜨기 1, 코늘리기 1] × 6(18코)

4단: [짧은뜨기 2, 코늘리기 1] × 6(24코)

5~6단: 짧은뜨기 24(24코)

7단: 안 보이게 코줄이기 2, 짧은뜨기 3, 코늘리기 1, [짧은뜨기 2, 코늘리기 1] × 3, 짧은뜨기 3, 안 보이게 코줄이기 2(24코)

8단: 짧은뜨기 24(24코)

실 바꾸기: ● 민트색

9단: 짧은뜨기 24(24코)

9단의 마지막 코에 마커로 표시해 두면 소매를 만들 때 편하다. 충전재를 팔에 계속 채워가며 작업한다.

10단: 뒷고리 이랑뜨기로 짧은뜨기 24(24코)

11~12단: 짧은뜨기 24(24코)

13단: [짧은뜨기 2, 안 보이게 코줄이기 1] × 6(18코)

14~16단: 짧은뜨기 18(18코)

충전재 넣기를 마무리한다.

17단: [짧은뜨기 1, 안 보이게 코줄이기 1] × 6(12코)

18~20단: 짧은뜨기 12(12코)

21단: 안 보이게 코줄이기 6(6코)

꼬리실을 남기고 끊는다.

소매 실: 연하늘색

손 부분이 위쪽으로 가도록 팔을 거꾸로 잡고 작업한다. 마커로 표시해 둔 9단, 코의 앞쪽 고리에 바늘을 넣고 시작한다.

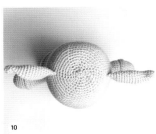

1단: 앞고리 이랑뜨기로 짧은뜨기 24(24코)

2단: 짧은뜨기 24(24코)

실을 끊고 정리한다.(사진 9)

꼬리 실: ● 크림색

1단: 매직링에 짧은뜨기 6(6코)

2단: 짧은뜨기 6(6코)

3단: [짧은뜨기 1, 코늘리기 1] × 3(9코)

4~9단: 짧은뜨기 9(9코)

꼬리는 충전재를 채우지 않는다. 꼬리를 납작하게 누르면서 작업한다. 두 코를 한번에 뜨면서 입구를 막는다.

10단: 짧은뜨기 4(4코)

꼬리실을 남기고 끊는다.

상아(2개) 실: ● 크림색

1단: 매직링에 짧은뜨기 6(6코)

2~3단: 짧은뜨기 6(6코)

4단: [짧은뜨기 1, 코늘리기 1] × 3(9코)

5단: 짧은뜨기 9(9코)

6단: [짧은뜨기 2, 코늘리기 1] × 3(12코)

꼬리실을 남기고 끊는다. 충전재를 가볍게 채운다.

연결하기

• 인형 뒤쪽 19단 가운데에 꼬리를 붙인다.

• 팔의 위쪽 부분을 납작하게 누르면서 두 팔 사이에 21코 간격을 두고 40단, 몸의 양옆에 붙인다.

• 상아를 43단과 46단 사이 코 양옆에 붙인다.

• 귀를 64단과 68단 사이, 머리 양옆에 붙인다.(사진 10)

옷을 입지 않은 인형

기본 패턴 변형

다리 & 몸

실: 휴고 ● 베이지색 / 레이 ● 크림색 / 베카 ● 적갈색 / 던컨 ●
회갈색

1~25단: 티셔츠를 입은 기본 인형의 다리, 연결 조각, 몸 패턴을 반복한다. 충전재를 채우며 작업한다.

26~27단: 짧은뜨기 78(78코)

28단: 짧은뜨기 77, 버블 스티치 1(78코)

29단: 짧은뜨기 78(78코)

30단: [짧은뜨기 11, 안 보이게 코줄이기 1] × 6(72코)

31단: 짧은뜨기 72(72코)

32단: [짧은뜨기 10, 안 보이게 코줄이기 1] × 6(66코)

33단: 짧은뜨기 66(66코)

34단: [짧은뜨기 9, 안 보이게 코줄이기 1] × 6(60코)

35단: 짧은뜨기 60(60코)

36단: [짧은뜨기 8, 안 보이게 코줄이기 1] × 6(54코)

37단: 짧은뜨기 54(54코)

38단: [짧은뜨기 7, 안 보이게 코줄이기 1] × 6(48코)

39단: 짧은뜨기 48(48코)

40단: [짧은뜨기 6, 안 보이게 코줄이기 1] × 6(42코)

실을 끊고 정리한다. 깃은 생략하고, 옷을 입은 기본 인형의 머리 패턴을 반복한다. 레이, 휴고, 베카는 40단 코의 양쪽 고리를 다 통과해 머리를 뜨기 시작한다.

팔(2개)

실: 휴고 ● 베이지색 / 레이 ● 크림색 / 베카 ● 적갈색 / 던컨 ●
회갈색

1~8단: 티셔츠를 입은 기본 인형의 팔 패턴을 반복한다. 충전재를 채우며 작업한다.

9~12단: 짧은뜨기 24(24코)

13단: [짧은뜨기 2, 안 보이게 코줄이기 1] × 6(18코)

14~16단: 짧은뜨기 18(18코). 충전재 넣기를 마무리한다.

17단: [짧은뜨기 1, 안 보이게 코줄이기 1] × 6(12코)

18~20단: 짧은뜨기 12(12코)

21단: 안 보이게 코줄이기 6(6코). 꼬리실을 남기고 끊는다.

줄무늬 인형

기본 패턴 변형

다리 & 몸

실: 휴고 ● 베이지색 / 레이 ◉ 크림색 / 베카 ● 적갈색 / 던컨
● 회갈색

공통: 티셔츠 ● 파란색 ○ 하얀색

1~25단: 티셔츠를 입은 기본 인형의 다리, 연결 조각, 몸 패턴을 반복한다.

실 바꾸기: ○ 하얀색

26단: 짧은뜨기 78(78코)

실을 끊고 정리한다.

옷 단   실: ● 파란색

인형 몸을 거꾸로 잡고 작업한다.(옷 단이 몸의 아래쪽을 향해 덮이도록 뜬다.) 26단, 인형 등쪽 가운데 코에서 시작한다. 코의 앞쪽 고리에 바늘을 넣고 시작한다.

1단: 앞고리 이랑뜨기로 짧은뜨기 78(78코)

2단: 짧은뜨기 78(78코)(휴고 사진18)

실을 끊고 정리한다.

몸   실: ○ 하얀색 ● 파란색

인형을 다시 바로 세워 다리가 아래에 있도록 잡고 작업한다. 하얀색 실로 작업한 26단, 인형 등쪽 가운데 코에서 시작한다. 코의 뒤쪽 고리에 바늘을 넣고 시작한다.

27단: ○ 하얀색. 뒷고리 이랑뜨기로 짧은뜨기 78(78코)

28단: 짧은뜨기 78(78코)

실 바꾸기: ● 파란색

29단: 짧은뜨기 78(78코)

30단: [안 보이게 코줄이기 1, 짧은뜨기 11] × 6(72코)

실 바꾸기: ○ 하얀색

31단: 짧은뜨기 72(72코)

32단: [안 보이게 코줄이기 1, 짧은뜨기 10] × 6(66코)

실 바꾸기: ● 파란색

33단: 짧은뜨기 66(66코)

34단: [안 보이게 코줄이기 1, 짧은뜨기 9] × 6(60코)

실 바꾸기: ○ 하얀색

35단: 짧은뜨기 60(60코)
36단: [안 보이게 코줄이기 1, 짧은뜨기 8] × 6(54코)
실 바꾸기: ● 파란색
37단: 짧은뜨기 54(54코)
38단: [안 보이게 코줄이기 1, 짧은뜨기 7] × 6(48코)
실 바꾸기: ○ 하얀색
39단: 짧은뜨기 48(48코)
40단: [안 보이게 코줄이기 1, 짧은뜨기 6] × 6(42코)
실을 끊고 정리한다.

깃 실: ● 파란색

몸을 거꾸로 잡고 작업한다. 40단, 등쪽 가운데 코에서 시작한다. 코의 앞쪽 고리에 바늘을 넣고 시작한다.
1단: 앞고리 이랑뜨기로 짧은뜨기 42(42코)
2단: 짧은뜨기 42(42코)
실을 끊고 정리한다. 다리와 몸에 충전재를 채운다. 기본 인형의 머리 패턴을 따른다.

팔(2개)

실: 휴고 ● 베이지색 / 레이 ● 크림색 / 베카 ● 적갈색 / 던컨 ● 회갈색, (공통) ● 파란색 ○ 하얀색

1단: 매직링에 짧은뜨기 6(6코)
2단: 코늘리기 6(12코)
3단: [짧은뜨기 1, 코늘리기 1] × 6(18코)
4단: [짧은뜨기 2, 코늘리기 1] × 6(24코)
5~6단: 짧은뜨기 24(24코)
7단: 안 보이게 코줄이기 2, 짧은뜨기 3, 코늘리기 1, [짧은뜨기 2, 코늘리기 1] × 3, 짧은뜨기 3, 안 보이게 코줄이기 2(24코)
8단: 짧은뜨기 2(24코)
충전재를 채워가며 작업한다.
실 바꾸기: ○ 하얀색
9단: 짧은뜨기 24(24코)
9단의 마지막 코에 마커로 표시해 두면 소매를 만들 때 편하다.
10단: 뒷고리 이랑뜨기로 짧은뜨기 24(24코)
11단: 짧은뜨기 24(24코)
실 바꾸기: ● 파란색

12단: 짧은뜨기 24(24코)
13단: [짧은뜨기 2, 안 보이게 코줄이기 1] × 6(18코)
실 바꾸기: ○ 하얀색
14~15단: 짧은뜨기 18(18코)
실 바꾸기: ● 파란색
16단: 짧은뜨기 18(18코)
17단: [짧은뜨기 1, 안 보이게 코줄이기 1] × 6(12코)
충전재 넣기를 마무리한다.
실 바꾸기: ○ 하얀색
18~19단: 짧은뜨기 12(12코)
실 바꾸기: ● 파란색
20단: 짧은뜨기 12(12코)
21단: 안 보이게 코줄이기 6(6코)
꼬리실을 남기고 끊는다.

소매 실: ● 파란색

손이 위쪽으로 가도록 팔을 거꾸로 잡고 작업한다. 마커로 표시해 둔 9단, 코의 앞쪽 고리에 바늘을 넣고 시작한다.
1단: 앞고리 이랑뜨기로 짧은뜨기 24(24코)
2단: 짧은뜨기 24(24코)
실을 끊고 정리한다. 나머지는 옷을 입은 기본 인형의 패턴을 따른다.

의상 & 조합

난이도: ** 게이지 : 7코 x 7단(2.5 x 2.5cm)
디자이너는 똑같은 장력으로 작업하기 때문에 인형과 옷을 똑같은 바늘을
사용했어요. 다른 크기를 원한다면 다양한 크기의 코바늘을 이용해도 좋아요.

www.Amigurumi.com/3701
사이트에 작품을 올려보세요. 다른 작품을
통해 영감을 얻을 수 있어요.

28단: [짧은뜨기 5, 코늘리기 1] × 2(14코)

29단: 짧은뜨기 14(14코)

30단: [짧은뜨기 6, 코늘리기 1] × 2(16코)

31단: 짧은뜨기 16(16코)

32단: [짧은뜨기 3, 코늘리기 1] × 4(20코)

33단: [짧은뜨기 4, 코늘리기 1] × 4(24코)

34단: [짧은뜨기 5, 코늘리기 1] × 4(28코)

35단: [짧은뜨기 3, 코늘리기 1] × 7(35코)

36단: [짧은뜨기 4, 코늘리기 1] × 7(42코)

필요한 경우, 모자를 더 크고 묶기 좋도록 짧은뜨기를 더 해도 좋다.

[첫 번째 부분]

모자는 두 부분으로 나누어 뜨고, 마지막에 합쳐서 완성한다.

37단: [짧은뜨기 6, 코늘리기 1] × 3, 사슬뜨기 1, 뒤집기(24코)

38단: [짧은뜨기 7, 코늘리기 1] × 3, 사슬뜨기 1, 뒤집기(27코)

39단: [짧은뜨기 8, 코늘리기 1] × 3, 사슬뜨기 1, 뒤집기(30코)

40단: [짧은뜨기 9, 코늘리기 1] × 3, 사슬뜨기 1, 뒤집기(33코)

41단: [짧은뜨기 10, 코늘리기 1] × 3, 사슬뜨기 1, 뒤집기(36코)

42~43단: 짧은뜨기 36, 사슬뜨기 1, 뒤집기(36코)

44단: 짧은뜨기 36(36코)

실을 끊고 정리한다.

[두 번째 부분]

37~44단: 36단의 뜨지 않았던 부분에서 시작한다.

① 첫 번째 부분의 패턴대로 작업한다.(사진 1)

② 실을 끊지 않고 사슬뜨기 1, 뒤집기(사진 2)

③ 두 부분을 합쳐 다음 단을 뜬다.

45단:

① 두 번째 부분에 [짧은뜨기 11, 코늘리기 1] × 3

② 첫 번째 부분에 [짧은뜨기 11, 코늘리기 1] × 3

준비물 섹션 (왼쪽 컬럼)

준비물

〈실〉

● 크림색

● 민트색

코바늘(2mm)

돗바늘 / 마커 / 가위 / 핀

하얀색 재봉실 / 하얀색 벨크로 테이프

아기 세트

중요해요!

→ 옷을 입지 않은 기본 인형을 만들고 시작하세요.(p.40)

모자 실: ● 크림색 ● 민트색

1단: ● 크림색. 매직링에 짧은뜨기 4(4코)

2단: [짧은뜨기 1, 코늘리기 1] × 2(6코)

3단: [짧은뜨기 2, 코늘리기 1] × 2(8코)

4단: [짧은뜨기 3, 코늘리기 1] × 2(10코)

5~25단: 짧은뜨기 10(10코)

26단: [짧은뜨기 4, 코늘리기 1] × 2(12코)

27단: 짧은뜨기 12(12코)

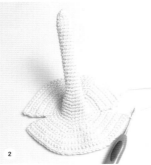

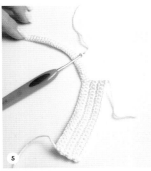
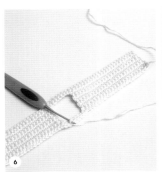
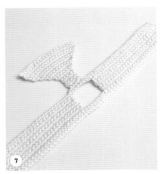
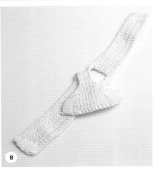
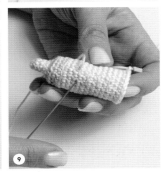

③ 첫코에 빼뜨기, 사슬뜨기 1(78코)

46단: 빼뜨기한 코에서 시작, 사슬뜨기 78, 첫코에 빼뜨기, 사슬뜨기 1(78코)

실 바꾸기: ● 민트색

47단: 마지막 빼뜨기한 코에서 시작, [퍼프 스티치 1, 사슬뜨기 1, 1코 건너뛰기] × 39, 첫코에 빼뜨기, 사슬뜨기 1(39코+사슬 39코)

실 바꾸기: ● 크림색

48단: 마지막 빼뜨기한 코에서 시작, 모든 사슬코에 코늘리기(퍼프 스티치 코는 건너뛰기), 첫코에 빼뜨기, 사슬뜨기 1(78코)

49단: 마지막 빼뜨기한 코에서 시작, 짧은뜨기 78(78코)

실을 끊고 정리한다. 모자의 윗부분을 매듭으로 묶는다.(사진 3)

턱받이 실 ● 민트색

1단: 매직링 안에 짧은뜨기 4, 사슬뜨기 1, 뒤집기(4코)

2단: 코늘리기 4, 사슬뜨기 1, 뒤집기(8코)

3단: [짧은뜨기 1, 코늘리기 1] × 4, 사슬뜨기 1, 뒤집기(12코)

4단: [짧은뜨기 2, 코늘리기 1] × 4, 사슬뜨기 1, 뒤집기(16코)

5단: [짧은뜨기 3, 코늘리기 1] × 4, 사슬뜨기 1, 뒤집기(20코)

6단: [짧은뜨기 4, 코늘리기 1] × 4, 사슬뜨기 1, 뒤집기(24코)

7단: 짧은뜨기 2, 코늘리기 1, 짧은뜨기 4, 코늘리기 1, 짧은뜨기 3, 코늘리기 1, [짧은뜨기 4, 코늘리기 1] × 2, 짧은뜨기 2, 사슬뜨기 1, 뒤집기(29코)

8단: 짧은뜨기 29, 사슬뜨기 1, 뒤집기(29코)

9단: 짧은뜨기 1, [1코 건너뛰기, 짧은뜨기 1+사슬뜨기 1+짧은뜨기 1] × 13, 1코 건너뛰기, 짧은뜨기 1, 사슬뜨기 1, 뒤집기(28코+사슬뜨기 13코)

10단: 짧은뜨기 1, [사슬에 긴뜨기 7, 사슬에 짧은뜨기 1] × 6, 사슬에 긴뜨기 7, 사슬에 짧은뜨기 1(57코)

사슬 40개를 떠서 목에 묶을 수 있는 끈을 만든다. 실을 끊고 정리한다. 10단의 첫코에 사슬 40개를 떠서 두 번째 끈을 만든다. 실을 끊고 정리한다.(사진 4)

기저귀 실 ● 크림색

사슬뜨기 63

[첫 번째 조각]

1단: 2번째 사슬코에서 시작, 짧은뜨기 62, 사슬뜨기 1, 뒤집기(62코)기저귀는 두 부분으로 나누어 뜨고, 마지막에 합쳐서 완성한다. 다음 단은 앞에서 연결하여 작업한다.

2~5단: 짧은뜨기 27, 사슬뜨기 1, 뒤집기(27코)

6단: 짧은뜨기 27(27코)

실을 끊고 정리한다. 1단으로 돌아간다.

[두 번째 조각]

2단이 끝난 지점에서 8코를 건너뛰고 다음 단을 시작한다.(사진 5)

2~6단: 첫 번째 조각의 패턴을 따른다.

실을 끊지 않고 다음 단에서 두 부분을 연결한다.

사슬뜨기 1, 뒤집기

7단: 두 번째 조각에 사슬뜨기 27, 사슬뜨기 8, 첫 번째 조각에 사슬뜨기 27, 사슬뜨기 1, 뒤집기(54코+사슬 8코)

8단은 7단의 사슬과 코에 작업한다.

8단: 짧은뜨기 62(62코).

실을 끊고 정리한다. 8단의 29코를 건너뛰고 다음 단을 뜬다.(사진 6)

9단: 짧은뜨기 4, 사슬뜨기 1, 뒤집기(4코). 뜨지 않은 코는 남겨놓는다.

10~13단: 짧은뜨기 4, 사슬뜨기 1, 뒤집기(4코)

14단: 코늘리기 1, 짧은뜨기 2, 코늘리기 1, 사슬뜨기 1, 뒤집기(6코)

15단: 코늘리기 1, 짧은뜨기 4, 코늘리기 1, 사슬뜨기 1, 뒤집기(8코)

16단: 코늘리기 1, 짧은뜨기 6, 코늘리기 1, 사슬뜨기 1, 뒤집기(10코)

17단: 코늘리기 1, 짧은뜨기 8, 코늘리기 1, 사슬뜨기 1, 뒤집기(12코)

18단: 코늘리기 1, 짧은뜨기 10, 코늘리기 1, 사슬뜨기 1, 뒤집기(14코)

19단: 코늘리기 1, 짧은뜨기 12, 코늘리기 1, 사슬뜨기 1, 뒤집기(16코)

20단: 코늘리기 1, 짧은뜨기 14, 코늘리기 1, 사슬뜨기 1, 뒤집기(18코)

21~22단: 짧은뜨기 18, 사슬뜨기 1, 뒤집기(18코)

23단: 짧은뜨기 18(18코)

실을 끊고 정리한다.(사진 7) 하얀색 재봉실로 벨크로 테이프를 기저귀 양 끝에 붙인다.(사진 8)

우유병 실: ● 크림색 ● 민트색

1단: ● 크림색. 매직링 안에 짧은뜨기 6(6코)

2~3단: 짧은뜨기 6(6코)

4단: [짧은뜨기 1, 코늘리기 1] × 3(9코)

실 바꾸기: ● 민트색

5단: [짧은뜨기 2, 코늘리기 1] × 3(12코)

6단: [짧은뜨기 1, 코늘리기 1] × 6(18코)

7단: 뒷고리 이랑뜨기로 짧은뜨기 18(18코)

8단: 짧은뜨기 18(18코)

실 바꾸기: ● 크림색

9단: 뒷고리 이랑뜨기로 짧은뜨기 18(18코)

10~21단: 짧은뜨기 18(18코)

민트색 실로 계량 눈금을 수놓는다.(사진 9) 충전재를 채운다.

22단: 뒷고리 이랑뜨기로 [짧은뜨기 1, 안 보이게 코줄이기 1] × 6(12코)

23단: 안 보이게 코줄이기 6(6코)

꼬리실을 남기고 끊는다. 돗바늘로 모든 코의 앞쪽 고리를 통과하여 힘 있게 잡아당겨 마무리한다.

난이도: ★★★ 게이지 : 7코 x 7단(2.5 x 2.5cm)
디자이너는 똑같은 장력으로 작업하기 때문에 인형과 옷을 똑같은 바늘을
사용했어요. 다른 크기를 원한다면 다양한 크기의 코바늘을 이용해도 좋아요.

www.Amigurumi.com/3702
사이트에 작품을 올려보세요. 다른 작품을
통해 영감을 얻을 수 있어요.

준비물

<실>

- ● 진초록색
- ● 빨간색
- ● 갈색

코바늘(2mm)
돗바늘 / 마커 / 가위 / 핀
빨간색 재봉실 / 빨간색 단추(1cm) 2개
폼폼 메이커(4cm)
작은 폼폼(1.5cm) 2개

크리스마스 세트

중요해요!

→ 티셔츠를 입은 기본 인형을 만들고 시작하세요. 인형은 자유롭게 선택하되 하얀색 티셔츠를 만드세요.

요정 모자 실: ● 진초록색 ● 빨간색

1단: ● 진초록색. 매직링에 짧은뜨기 6(6코)

2~8단: 짧은뜨기 6(6코)

9단: [짧은뜨기 1, 코늘리기 1] × 3(9코)

10~16단: 짧은뜨기 9(9코)

17단: [짧은뜨기 2, 코늘리기 1] × 3(12코)

18~21단: 짧은뜨기 12(12코)

22단: [짧은뜨기 3, 코늘리기 1] × 3(15코)

23~25단: 짧은뜨기 15(15코)

26단: [짧은뜨기 4, 코늘리기 1] × 3(18코)

27~28단: 짧은뜨기 18(18코)

29단: [짧은뜨기 2, 코늘리기 1] × 6(24코)

30~32단: 짧은뜨기 24(24코)

33단: [짧은뜨기 3, 코늘리기 1] × 6(30코)

34~36단: 짧은뜨기 30(30코)

37단: [짧은뜨기 4, 코늘리기 1] × 6(36코)

38~45단: 짧은뜨기 36(36코)(사진 1)

요정 모자는 두 부분으로 나누어 뜨고, 마지막에 합쳐서 완성한다.

[첫 번째 부분]

46단: [짧은뜨기 5, 코늘리기 1] × 3(21코)

47단: [짧은뜨기 6, 코늘리기 1] × 3(24코)

48단: [짧은뜨기 7, 코늘리기 1] × 3(27코)

49단: [짧은뜨기 8, 코늘리기 1] × 3(30코)

50단: [짧은뜨기 9, 코늘리기 1] × 3(33코)

51단: [짧은뜨기 10, 코늘리기 1] × 3(36코)

52~53단: 짧은뜨기 36, 사슬뜨기 1, 뒤집기(36코)

54단: 짧은뜨기 36(36코)

실을 끊고 정리한다.

[두 번째 부분]

45단의 뜨지 않았던 부분에서 시작한다.

46~54단:

① 첫 번째 부분의 패턴대로 작업한다.(사진 2)

② 실을 끊지 않고 사슬뜨기 1, 편물을 뒤집는다.

③ 두 부분을 합쳐 다음 단을 뜬다.

55단:

① 두 번째 부분에 [짧은뜨기 11, 코늘리기 1] × 3

② 첫 번째 부분에 [짧은뜨기 11, 코늘리기 1] × 3

③ 첫코에 빼뜨기, 사슬뜨기 1(78코)(사진 3)

실 바꾸기: ● 빨간색

56단: 빼뜨기한 코에서 시작, 뒤걸어 긴뜨기 78, 첫코에 빼뜨기, 사슬뜨기 1(78코)(사진 4)

57~59단: 사슬뜨기 2, 빼뜨기한 코에서 시작하여 [긴뜨기 앞 걸어뜨기 1, 긴뜨기 뒤 걸어뜨기 1] × 39, 첫코에 빼뜨기(76코+사슬 2코)(사진 4)

실을 끊고 정리한다. 빨간색 실로 4cm 폼폼을 만들어 모자 끝에 바느질하여 고정한다.(사진 5)

오버올(멜빵바지)

끈(2개) 실: ● 진초록색

꼬리실을 남기고 시작한다.

1단: 매직링에 짧은뜨기 6(6코)

2~27단: 짧은뜨기 6(6코)

끈을 반으로 접어 입구를 납작하게 잡고 작업한다. 마주보는 두 코를 동시에 통과한다.

28단: 짧은뜨기 3(3코), 사슬뜨기 6, 28단의 첫코에 빼뜨기하여 단춧구멍을 만든다. 실을 끊고 정리한다.(사진 6)

윗부분 실: ● 진초록색

사슬뜨기 21

1단: 2번째 사슬코에서 시작하여 짧은뜨기 19, 코늘리기 1, 기초 사슬코의 반대쪽 고리에 짧은뜨기 19(40코)

2~4단: 짧은뜨기 40(40코)

5단: [짧은뜨기 4, 코늘리기 1] × 8(48코)

6~10단: 짧은뜨기 48(48코)

짧은뜨기 3(사진 7), 여기가 이번 단의 마지막 코가 된다. 입구 부분을 납작하게 누르면서 작업한다. 두 코를 한번에 뜨면서 입구를 막는다.

11단: 짧은뜨기 24(사진 8), 사슬뜨기 55(사진 9), 11단의 첫코에 빼뜨기(24코+사슬 55코)(사진 10)

12~13단: 12단은 11단 코와 사슬에 작업한다. 짧은뜨기 78(78코)

14단: [짧은뜨기 12, 코늘리기 1] × 6(84코)

15~16단: 짧은뜨기 84(84코)

실을 끊고 정리한다. 뒤쪽 가운데 코에서 왼쪽으로 3번째 코에 다음 단을 뜬다.(사진 11)

17단: 짧은뜨기 78(78코)

뜨지 않은 코는 남겨놓는다. 실을 끊고 정리한다.

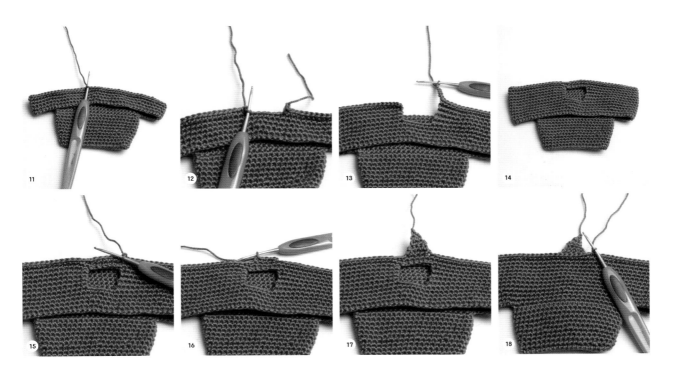

18단: 17단의 첫코에서 시작하여 짧은뜨기 78(78코)

실을 끊고 정리한다.

19~21단: 이전 단의 첫코에서 각 단을 시작한다. 각 단이 끝날 때마다

실을 끊고 정리한다.(78코)(사진 12)

22단: 짧은뜨기 78, 사슬뜨기 6(사진 13), 첫코에 빼뜨기(78코+사슬

6코)

23~24단: 23단은 22단 코와 사슬에 작업한다. 짧은뜨기 84(84코)

실을 끊고 정리한다.(사진 14)

아랫부분 실: ● 진초록색

오버올 윗부분의 24단, 가운데 코에서 오른쪽으로 3번째 코에 다음

단을 뜬다.(사진 15) 아랫부분은 두 부분으로 나누어 뜨고 마지막에 합

쳐서 완성한다.

[첫 번째 부분]

1단: 짧은뜨기 5, 사슬뜨기 1, 뒤집기(5코)(사진 16)

2단: 첫코 건너뛰기, 짧은뜨기 4, 사슬뜨기 1, 뒤집기(4코)

3단: 첫코 건너뛰기, 짧은뜨기 3, 사슬뜨기 1, 뒤집기(3코)

4단: 첫코 건너뛰기, 짧은뜨기 2, 사슬뜨기1, 뒤집기(2코)

5단: 첫코 건너뛰기, 짧은뜨기 1(1코)

실을 끊고 정리한다.(사진 17)

삼각형 모양의 아랫부분 바로 옆 코에서부터 38번째 코에서 시작한

다.(사진 18)

[두 번째 부분]

1~5단: 첫 번째 부분의 패턴대로 작업한다. 실을 끊지 않는다.(사진

19) 계속해서 바지 단을 만든다.

첫 번째 바지 단 실: ● 진초록색 ● 빨간색

25단: ● 진초록색

① 짧은뜨기 5(아랫부분의 삼각형 옆면), 짧은뜨기 37, 짧은뜨기 5(아

랫부분의 삼각형 옆면)(47코)(사진 20)

② 뜨지 않은 코는 남겨놓는다.

26단: 25단 첫코에서 시작하여 짧은뜨기 22, 안 보이게 코줄이기 1,

짧은뜨기 23(46코)

실 바꾸기: ● 빨간색

27단: 짧은뜨기 11, 안 보이게 코줄이기 1, 짧은뜨기 5, 안 보이게 코

줄이기 1, 짧은뜨기 6, 안 보이게 코줄이기 1, 짧은뜨기 5, 안 보이게

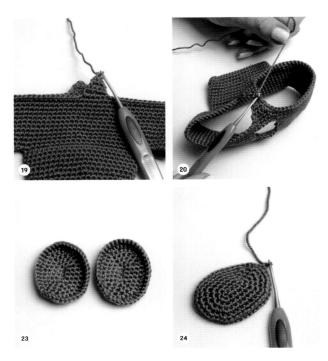

코줄이기 1, 짧은뜨기 11(42코)

실을 끊고 정리한다.

두 번째 바지 단 실: ● 진초록색

두 번째 아랫부분의 5단에서 시작한다.

25~27단: 첫 번째 바지 단의 패턴대로 작업한다.

실을 끊고 정리한다.

마무리

• 오버올 앞부분 위쪽 모서리에 빨간색 단추 2개를 붙인다.

• 끈의 끝부분을 옷의 뒷면에 12코 간격으로 고정한다. (사진 21, 22)

신발(2개) 실: ● 갈색 ● 진초록색

● 갈색. 사슬뜨기 6

1단: 2번째 사슬코에서 시작하여 짧은뜨기 4, 1코에 짧은뜨기 3, 기초 사슬코의 반대쪽 고리에 짧은뜨기 3, 코늘리기 1(12코)

2단: 코늘리기 1, 짧은뜨기 3, 코늘리기 3, 짧은뜨기 3, 코늘리기 2 (18코)

3단: 짧은뜨기 1, 코늘리기 1, 짧은뜨기 4, [코늘리기 1, 짧은뜨기 1] × 3, 짧은뜨기 3, 코늘리기 1, 짧은뜨기 1, 코늘리기 1(24코)

4단: 짧은뜨기 1, 코늘리기 1, 짧은뜨기 6, 코늘리기 1, 짧은뜨기 1, 코늘리기 2, 짧은뜨기 1, 코늘리기 1, 짧은뜨기 6, 코늘리기 1, 짧은뜨기 1, 코늘리기 2(32코)

5단: 짧은뜨기 1, 코늘리기 1, 짧은뜨기 4, 코늘리기 1, 짧은뜨기 3, [코늘리기 1, 짧은뜨기 1] × 2, [짧은뜨기 1, 코늘리기 1] × 2, 짧은뜨기 4, 코늘리기 1, 짧은뜨기 3, [코늘리기 1, 짧은뜨기 1] × 2, 짧은뜨기 1, 코늘리기 1(42코)

6단: 뒷고리 이랑뜨기로 짧은뜨기 42(42코)

실을 끊고 정리한다. (사진 23)

실 바꾸기: ● 진초록색

신발 뒤쪽 가운데에서 다음 단을 시작한다. (사진 24)

7~9단: 짧은뜨기 42(42코)

10단: 짧은뜨기 12, 안 보이게 코줄이기 4, 짧은뜨기 2, 안 보이게 코줄이기 4, 짧은뜨기 12(34코)

11단: 짧은뜨기 34(34코)

실을 끊고 정리한다. 신발 앞쪽 윗부분에 작은 폼폼을 붙인다.

가을 세트

여기에 설명한 별도의 의상 부품을 사용하면 휴고, 베카, 던컨, 레이의 수많은 조합을 만들 수 있습니다. 가을 세트는 디자이너의 제안 중 하나입니다.

기본 인형 패턴: 옷을 입지 않은 인형을 만들어요.(p.40)

드레스: 산책 세트의 드레스와 같은 방법으로 만들어요.(p.125) 파란색 실은 크림색 실로, 빨간색 실은 올드핑크색 실로 바꾸세요. 드레스 뒤쪽에 분홍색 단추를 3개 달아요.

신발: 산책 세트의 신발과 같은 방법으로 만들어요. 빨간색 실은 올드핑크색 실로 바꾸세요.(p.126)

코트: 겨울 세트의 재킷과 같은 방법으로 만들어요.(p.130~131) 빨간색 실은 올드핑크색 실로 바꾸세요. 코트에 분홍색 단추를 달아요.

준비물

<실>
  연한크림색
● 올드핑크색
● 갈색

분홍색 단추 6개(1cm)

www.amigurumi.com/3703
사이트에 작품을 올려보세요. 다른 작품을 통해 영감을 얻을 수 있어요.

난이도: *(*) 게이지 : 7코 x 7단(2.5 x 2.5cm)
디자이너는 똑같은 장력으로 작업하기 때문에 인형과 옷을 똑같은 바늘을
사용했어요. 다른 크기를 원한다면 다양한 크기의 코바늘을 이용해도 좋아요.

www.amigurumi.com/3704
사이트에 작품을 올려보세요. 다른 작품을
통해 영감을 얻을 수 있어요.

준비물

\<실\>

● 민트색

● 하늘색

● 분홍색(소량)

● 빨간색(소량)

　하얀색

● 베이지색

코바늘(2mm) / 인형 눈(6mm) 2개(꼬마 환자용)

돗바늘 / 마커 / 가위 / 핀

하얀색 재봉실 / 파란색 단추(1cm)

하얀색 벨크로 테이프 / 충전재

수의사 세트

중요해요!

→ 자유롭게 기본 인형을 선택하여 만들고 시작하세요.

가운　실: ● 민트색

사슬뜨기 43

1단: 2번째 코에서 시작하여 짧은뜨기 42, 사슬뜨기 1, 뒤집기 (42코)

2단: 짧은뜨기 3, [짧은뜨기 3, 코늘리기 1] × 9, 짧은뜨기 3, 사슬뜨기 1, 뒤집기(51코)

3단: 짧은뜨기 51, 사슬 1, 뒤집기(51코)

4단: 짧은뜨기 3, [짧은뜨기 4, 코늘리기 1] × 9, 짧은뜨기 3, 사슬뜨기 1, 뒤집기(60코)

5단: 짧은뜨기 3, [짧은뜨기 5, 코늘리기 1] × 9, 짧은뜨기 3, 사슬뜨기 1, 뒤집기(69코)

6단: 짧은뜨기 3, [짧은뜨기 6, 코늘리기 1] × 9, 짧은뜨기 3, 사슬뜨기 1, 뒤집기(78코)

7단: 짧은뜨기 3, [짧은뜨기 7, 코늘리기 1] × 9, 짧은뜨기 3, 사슬뜨기 1, 뒤집기(87코)

8단: 짧은뜨기 3, [짧은뜨기 8, 코늘리기 1] × 9, 짧은뜨기 3, 사슬뜨기 1, 뒤집기(96코)

9단: 짧은뜨기 3, [짧은뜨기 9, 코늘리기 1] × 9, 짧은뜨기 3, 사슬뜨기 1, 뒤집기(105코)(사진 1)

10단: 짧은뜨기 10, 24코 건너뛰기, 짧은뜨기 37, 24코 건너뛰기, 짧은뜨기 10, 사슬뜨기 1, 뒤집기(57코)(사진 2)

11~23단: 짧은뜨기 57, 사슬뜨기 1, 뒤집기(57코)

24단: 짧은뜨기 57(57코)

실을 끊고 정리한다.(사진 3)

소매(2개)　실: ● 민트색

10단의 첫 번째 건너뛴 부분의 첫코에서 시작한다. 바늘을 옷 밖에서 안으로 넣어 실을 잡아당긴다.(사진 4) 단을 연결해 뜨고, 각 단의 끝에서 뒤집는다.

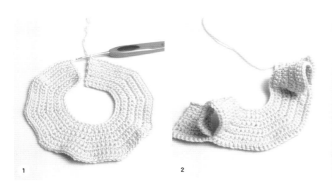
1

2

3

4

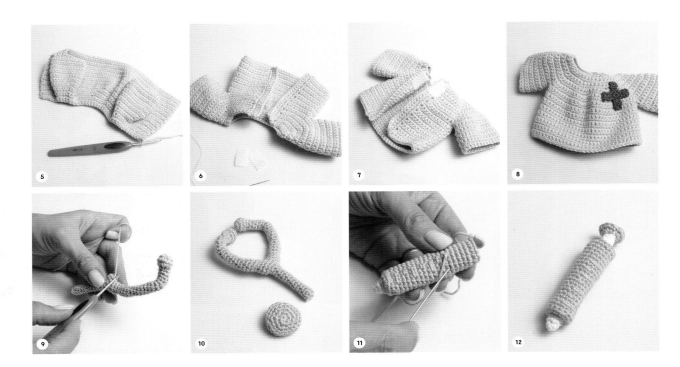

11단: 코늘리기 1, 짧은뜨기 11, 코늘리기 1, 짧은뜨기 10, 코늘리기 1, 첫코에 빼뜨기, 사슬뜨기 1, 뒤집기(27코)

12~19단: 마지막 빼뜨기한 코에서 시작, 짧은뜨기 27, 첫코에 빼뜨기, 사슬뜨기 1, 뒤집기(27코)

20단: 마지막 빼뜨기한 코에서 시작, 짧은뜨기 27, 첫코에 빼뜨기(27코)

실을 끊고 정리한다.

오른쪽 뒷섶 실: ● 민트색

가운의 겉이 보이게 두고, 왼쪽 맨 윗줄 끝의 코에서 시작한다.(사진 5)

1단: 가운의 아래쪽으로 짧은뜨기 24, 사슬뜨기 1, 뒤집기(24코)

2단: 짧은뜨기 24, 사슬뜨기 1, 뒤집기(24코)

3단: 짧은뜨기 24(24코)

실을 끊고 정리한다.

왼쪽 뒷섶 실: ● 민트색

가운의 안이 보이게 두고, 왼쪽 맨 윗줄 끝의 코에서 시작한다.

1단: 가운의 아래쪽으로 짧은뜨기 24, 사슬뜨기 1, 뒤집기(24코)

2단: 짧은뜨기 24, 사슬뜨기 1, 뒤집기(24코)

3단: 짧은뜨기 24(24코)

실을 끊고 정리한다. 벨크로 테이프를 붙인다.(사진 6, 7)

십자가 장식 실: ● 빨간색

1단: 매직링에 짧은뜨기 8, 첫코에 빼뜨기, 사슬뜨기 1(8코)

2~3단: 짧은뜨기 2, 사슬뜨기 1, 뒤집기(24코)

뜨지 않은 코는 남겨놓는다.

4단: 짧은뜨기 2(2코)

실을 끊고 정리한다. 1단의 뜨지 않은 코에서 시작하여 2~4단을 반복하여 뜬다. 이 작업을 3번 반복하여 십자가 모양을 만든다. 가운 앞 오른쪽의 2단과 10단 사이에 십자가 장식을 붙인다.(사진 8)

청진기 실: ● 하늘색 ● 분홍색

● 하늘색. 사슬뜨기 6, 첫 번째 사슬에 빼뜨기하여 사슬원형코를 만든다.

1~12단: 짧은뜨기 6(6코)

13단: 코늘리기 6(12코)

14단: [짧은뜨기 1, 코늘리기 1] × 6(18코)

청진기에 충전재를 채우며 작업한다.

Y형 튜브 1

9코씩 두 부분으로 나누어 작업해 작은 원을 만든다.

15~16단: 짧은뜨기 9(9코)

17~18단: 안 보이게 코줄이기 1, 짧은뜨기 2, 코늘리기 1, 짧은뜨기 4(9코)

19단: 안 보이게 코줄이기 1, 짧은뜨기 7(8코)

20단: 안 보이게 코줄이기 1, 짧은뜨기 6(7코)

21단: 안 보이게 코줄이기 1, 짧은뜨기 5(6코)

22~29단: 짧은뜨기 6(6코)

30단: 짧은뜨기 1, 코늘리기 1, 짧은뜨기 2, 안 보이게 코줄이기 1(6코)

31~34단: 짧은뜨기 2, 코늘리기 1, 짧은뜨기 1, 안 보이게 코줄이기 1(6코)

실 바꾸기: ● 분홍색

35단: 코늘리기 6(12코)

36단: 짧은뜨기 12(12코)

37단: 안 보이게 코줄이기 6(6코)

꼬리실을 남기고 끊는다. 돗바늘로 모든 코의 앞쪽 고리를 통과하여 힘 있게 잡아당겨 조인다. 실을 끊고 정리한다.

Y형 튜브 2

뜨지 않고 남은 코에서 시작한다.(사진 9)

15~37단: Y형 튜브 1의 패턴대로 작업한다.

꼬리실을 남기고 끊는다. 돗바늘로 모든 코의 앞쪽 고리를 통과하여 힘 있게 잡아당겨 조인다. 실을 끊고 정리한다.

청진기 머리 실: ● 분홍색

꼬리실을 남기고 시작한다.

1단: 매직링에 짧은뜨기 6(6코)

2단: 코늘리기 6(12코)

3단: [짧은뜨기 1, 코늘리기 1] × 6(18코)

4단: [짧은뜨기 2, 코늘리기 1] × 6(24코)

5단: 뒷고리 이랑뜨기로 짧은뜨기 24(24코)

6단: 짧은뜨기 24(24코)

7단: 뒷고리 이랑뜨기로 [짧은뜨기 2, 안 보이게 코줄이기 1] × 6(18코)

8단: [짧은뜨기 1, 안 보이게 코줄이기 1] × 6(12코)

청진기 앞부분에 충전재를 가볍게 채운다.

9단: 안 보이게 코줄이기 6(6코)

꼬리실을 남기고 끊는다. 돗바늘로 모든 코의 앞쪽 고리를 통과하여 힘 있게 잡아당겨 마무리한다. 청진기 1단에 조각을 바느질하여 연결한다.(사진 10)

주사기

배럴(몸통) 실: ○ 하얀색 ● 파란색

1단: ○ 하얀색. 매직링에 짧은뜨기 4(4코)

2단: [짧은뜨기 1, 코늘리기 1] × 2(6코)

실 바꾸기: ● 파란색

3단: 코늘리기 6(12코)

4단: [짧은뜨기 3, 코늘리기 1] × 3(15코)

5단: 뒷고리 이랑뜨기로 짧은뜨기 15(15코)

6~24단: 짧은뜨기 15(15코)

주사기 배럴 부분에 분홍색 실로 눈금을 수놓는다.(사진 11)

충전재를 채운다.

25단: [짧은뜨기 3, 안 보이게 코줄이기 1] × 3(12코)

26단: 안 보이게 코줄이기 6(6코)

꼬리실을 남기고 끊는다. 돗바늘로 모든 코의 앞쪽 고리를 통과하여 힘 있게 잡아당겨 마무리한다. 실을 끊고 정리한다.

플런저(손잡이) 실: ○ 하얀색 ● 분홍색

꼬리실을 남기고 시작한다. 시작할 때 꼬리실을 밖으로 빼 두면 조각을 연결할 때 편리하다.

1단: ○ 하얀색. 매직링에 짧은뜨기 6 6코)

2~4단: 짧은뜨기 6(6코)

실 바꾸기: ● 분홍색

5단: 코늘리기 6(12코)

6단: [짧은뜨기 3, 코늘리기 1] × 3(15코)

충전재를 가볍게 채운다.

7단: 뒷고리 이랑뜨기로 [짧은뜨기 3, 안 보이게 코줄이기 1] × 3(12코)

8단: 안 보이게 코줄이기 6(6코)

꼬리실을 남기고 끊는다. 돗바늘로 모든 코의 앞쪽 고리를 통과하여 힘 있게 잡아당겨 마무리한다. 남겨놓았던 꼬리실로 주사기의 배럴과 플런저 부분을 연결하여 마무리한다.(사진 12)

꼬마 환자(완성 크기 8cm)

몸 & 머리 실: ● 베이지색

1단: 매직링에 짧은뜨기 8(8코)

2단: 코늘리기 8(16코)

3단: [짧은뜨기 1, 코늘리기 1] × 8(24코)

4단: [짧은뜨기 2, 코늘리기 1] × 8(32코)

5단: [짧은뜨기 7, 코늘리기 1] × 4(36코)

6단: [짧은뜨기 8, 코늘리기 1] × 4(40코)

7~11단: 짧은뜨기 40(40코)

12단: [짧은뜨기 8, 안 보이게 코줄이기 1] × 4(36코)

13단: [짧은뜨기 4, 안 보이게 코줄이기 1] × 6(30코)

14단: [짧은뜨기 4, 코늘리기 1] × 6(36코)

15단: [짧은뜨기 5, 코늘리기 1] × 6(42코)

16단: [짧은뜨기 6, 코늘리기 1] × 6(48코)

17~21단: 짧은뜨기 48(48코)

인형 눈을 18단과 19단 사이에 5코의 간격을 두고 붙인다. 분홍색 실로 코와 뺨에 수놓는다.(사진13)

22단: [짧은뜨기 6, 안 보이게 코줄이기 1] × 6(42코)

23단: 짧은뜨기 4(42코)

24단: [짧은뜨기 5, 안 보이게 코줄이기 1] × 6(36코)

25단: 짧은뜨기 36(36코)

26단: [짧은뜨기 4, 안 보이게 코줄이기 1] × 6(30코)

27단: 짧은뜨기 30(30코)

28단: [짧은뜨기 3, 안 보이게 코줄이기 1] × 6(24코)

29단: [짧은뜨기 2, 안 보이게 코줄이기 1] × 6(18코)

충전재를 채운다.

30단: [짧은뜨기 1, 안 보이게 코줄이기 1] × 6(12코)

31단: 안 보이게 코줄이기 6(6코)

꼬리실을 남기고 끊는다. 돗바늘로 모든 코의 앞쪽 고리를 통과하여 힘 있게 잡아당겨 마무리한다. 실을 끊고 정리한다.

꼬리 실: ● 베이지색

1단: 매직링에 짧은뜨기 5(5코)

2단: 코늘리기 5(10코)

3~6단: 짧은뜨기 10(10코)

7~8단: 안 보이게 코줄이기 2, 짧은뜨기 2, 코늘리기 2, 짧은뜨기 2(10코)

충전재를 채워가며 작업한다.

9~10단: 짧은뜨기 10(10코)

11~13단: 안 보이게 코줄이기 2, 짧은뜨기 2, 코늘리기 2, 짧은뜨기 2(10코)

충전재를 넣기를 마무리한다.

14~19단: 짧은뜨기 10(10코)

꼬리 입구 부분을 납작하게 누르면서 작업한다. 두 코를 한번에 뜨면서 입구를 막는다.

20단: 짧은뜨기 5(5코)

꼬리실을 남기고 끊는다. 꼬리 끝부분을 약간 꼬아서 꼬리에 몇 땀을 떠서 고정한다.(사진 14)

앞다리(2개) 실: ● 베이지색

1단: 매직링에 짧은뜨기 6(6코)

2단: 코늘리기 6(12코)

3단: 짧은뜨기 12(12코)

4단: [짧은뜨기 1, 안 보이게 코줄이기 1] × 4(8코)

5~7단: 짧은뜨기 8(8코)

다리는 충전재를 채우지 않는다. 다리의 입구 부분을 납작하게 누르면서 작업한다. 두 코를 한번에 뜨면서 입구를 막는다.

8단: 짧은뜨기 4(4코)

꼬리실을 남기고 끊는다.

귀(2개) 실: ● 베이지색

1단: 매직링에 짧은뜨기 6(6코)

2단: 짧은뜨기 6(6코)

3단: [짧은뜨기 1, 코늘리기 1] × 3(9코)

4단: 짧은뜨기 9(9코)

5단: [짧은뜨기 2, 코늘리기 1] × 3(12코)

귀는 충전재를 채우지 않는다. 귀의 입구 부분을 납작하게 누르면서 작업한다. 두 코를 한번에 뜨면서 입구를 막는다.

6단: 짧은뜨기 6(6코)

꼬리실을 남기고 실을 끊어 정리한다.

연결하기

· 몸의 3단과 6단 사이에 꼬리를 붙인다.

· 다리를 눈과 나란히 정렬하여 13단에 붙인다.

· 귀를 5단과 15단 사이 머리 옆면에 붙인다.

콘 칼라 실: ○ 하얀색

사슬뜨기 37

1단: 2번째 사슬코에서 시작하여 짧은뜨기 36, 사슬 1, 뒤집기(36코)

2단: 짧은뜨기 3, [짧은뜨기 4, 코늘리기 1] × 6, 짧은뜨기 3, 사슬 1, 뒤집기(42코)

3단: 짧은뜨기 3, [짧은뜨기 5, 코늘리기 1] × 6, 짧은뜨기 3, 사슬 1, 뒤집기(48코)

4단: 짧은뜨기 3, [짧은뜨기 6, 코늘리기 1] × 6, 짧은뜨기 3, 사슬 1, 뒤집기(54코)

5단: 짧은뜨기 3, [짧은뜨기 7, 코늘리기 1] × 6, 짧은뜨기 3, 사슬 1, 뒤집기(60코)

6단: 짧은뜨기 60(60코)

실을 끊고 정리한다. 벨크로 테이프를 붙인다. (사진 15)

나비넥타이 실: ● 하늘색

사슬뜨기 6

1단: 2번째 사슬코에서 시작하여 짧은뜨기 5, 사슬뜨기 1, 뒤집기(5코)

2~18단: 짧은뜨기 5, 사슬뜨기 1, 뒤집기(5코)

19단: 짧은뜨기 5(5코)

반으로 접고, 양쪽 코를 동시에 떠서 원 모양으로 작업한다.

20단: 빼뜨기 5(5코)

가운데 부분에 여러 번 돌려 묶어 나비 모양을 만들고, 꼬리실을 남기고 끊는다. (사진 16)

15

16

목걸이 실: ● 하늘색

사슬뜨기 42

1단: 7번째 사슬코에서 시작(단춧구멍 만들기), 짧은뜨기 36(36코)

실을 끊고 정리한다. 목걸이 반대쪽에 단추를 단다. 목걸이 가운데 지점에 만들어 둔 나비넥타이를 붙인다.

낚시꾼 세트

여기에 설명한 별도의 의상 부품을 사용하면 휴고, 베카, 던컨, 레이의 수많은 조합을 만들 수 있습니다. 낚시꾼 세트는 디자이너의 제안 중 하나입니다.

기본 인형 패턴: 하얀 티셔츠를 입은 인형을 만들어요.

모자: 여름 세트의 모자와 같은 방법으로 만들어요.(p.121) 크림색 실을 올리브색 실로 바꾸세요.

오버올: 크리스마스 세트의 오버올과 같은 방법으로 만들어요. (p.50~52) 진초록색 실을 올리브색 실로 바꾸되, 27단의 색깔은 바꾸지 마세요. 검은색 단추를 끈에 달아요.

물고기: 북극 세트의 물고기와 같은 방법으로 만들어요.(p.111~112) 파란색 실을 분홍색 실로, 민트색 실을 연분홍색 실로 바꾸세요.

준비물

〈실〉
- ● 올리브색
- ● 분홍색
- ▢ 연분홍색

검은색 단추(1cm) 2개

www.amigurumi.com/3705
사이트에 작품을 올려보세요. 다른 작품을 통해 영감을 얻을 수 있어요.

난이도: ✱✱ 게이지 : 7코 x 7단(2.5 x 2.5cm)
디자이너는 똑같은 장력으로 작업하기 때문에 인형과 옷을 똑같은 바늘을
사용했어요. 다른 크기를 원한다면 다양한 크기의 코바늘을 이용해도 좋아요.

www.amigurumi.com/3706
사이트에 작품을 올려보세요. 다른 작품을
통해 영감을 얻을 수 있어요.

준비물

<실>

● 빨간색
● 갈색
○ 하늘색
　 하얀색
● 카멜색(소량)

코바늘(2mm) / 인형 눈(6mm) 2개
돗바늘 / 마커 / 가위 / 핀
빨간색, 파란색 재봉실
빨간색 단추(1cm) 1개 / 하늘색 단추(1cm) 2개
구슬단추(1cm) 1개

카우보이 세트

중요해요!

→ 티셔츠를 입은 기본 인형을 만들고 시작하세요. 인형은 자유롭게 선택하되 하얀색 티셔츠를 만드세요.

스카프 실: ● 빨간색

사슬뜨기 53

1단: 7번째 사슬코에서 시작(단춧구멍 만들기), 짧은뜨기 47, 사슬뜨기 1, 뒤집기(47코)

2단: 첫코 건너뛰기, 짧은뜨기 44, 한 코 건너뛰기, 짧은뜨기 1, 사슬뜨기 1, 뒤집기(45코)

3단: 첫코 건너뛰기, 짧은뜨기 42, 한 코 건너뛰기, 짧은뜨기 1, 사슬뜨기 1, 뒤집기(43코)

4단: 첫코 건너뛰기, 짧은뜨기 40, 한 코 건너뛰기, 짧은뜨기 1, 사슬뜨기 1, 뒤집기(41코)

5단: 첫코 건너뛰기, 짧은뜨기 38, 한 코 건너뛰기, 짧은뜨기 1, 사슬뜨기 1, 뒤집기(39코)

6단: 첫코 건너뛰기, 짧은뜨기 36, 한 코 건너뛰기, 짧은뜨기 1, 사슬뜨기 1, 뒤집기(37코)

7단: 첫코 건너뛰기, 짧은뜨기 34, 한 코 건너뛰기, 짧은뜨기 1, 사슬뜨기 1, 뒤집기(35코)

8단: 첫코 건너뛰기, 짧은뜨기 32, 한 코 건너뛰기, 짧은뜨기 1, 사슬뜨기 1, 뒤집기(33코)

9단: 첫코 건너뛰기, 짧은뜨기 30, 한 코 건너뛰기, 짧은뜨기 1, 사슬뜨기 1, 뒤집기(31코)

10단: 첫코 건너뛰기, 짧은뜨기 28, 한 코 건너뛰기, 짧은뜨기 1, 사슬뜨기 1, 뒤집기(29코)

11단: 첫코 건너뛰기, 짧은뜨기 26, 한 코 건너뛰기, 짧은뜨기 1, 사슬뜨기 1, 뒤집기(27코)

12단: 첫코 건너뛰기, 짧은뜨기 24, 한 코 건너뛰기, 짧은뜨기 1, 사슬뜨기 1, 뒤집기(25코)

13단: 첫코 건너뛰기, 짧은뜨기 22, 한 코 건너뛰기, 짧은뜨기 1, 사슬뜨기 1, 뒤집기(23코)

14단: 첫코 건너뛰기, 짧은뜨기 20, 한 코 건너뛰기, 짧은뜨기 1, 사슬뜨기 1, 뒤집기(21코)

15단: 첫코 건너뛰기, 짧은뜨기 18, 한 코 건너뛰기, 짧은뜨기 1, 사슬뜨기 1, 뒤집기(19코)

16단: 첫코 건너뛰기, 짧은뜨기 16, 한 코 건너뛰기, 짧은뜨기 1, 사슬뜨기 1, 뒤집기(17코)

17단: 첫코 건너뛰기, 짧은뜨기 14, 한 코 건너뛰기, 짧은뜨기 1, 사슬뜨기 1, 뒤집기(15코)

18단: 첫코 건너뛰기, 짧은뜨기 12, 한 코 건너뛰기, 짧은뜨기 1, 사슬뜨기 1, 뒤집기(13코)

19단: 첫코 건너뛰기, 짧은뜨기 10, 한 코 건너뛰기, 짧은뜨기 1, 사슬뜨기 1, 뒤집기(11코)

20단: 첫코 건너뛰기, 짧은뜨기 8, 한 코 건너뛰기, 짧은뜨기 1, 사슬뜨기 1, 뒤집기(9코)

21단: 첫코 건너뛰기, 짧은뜨기 6, 한 코 건너뛰기, 짧은뜨기 1, 사슬뜨기 1, 뒤집기(7코)

22단: 첫코 건너뛰기, 짧은뜨기 4, 한 코 건너뛰기, 짧은뜨기 1, 사슬뜨기 1, 뒤집기(5코)

23단: 첫코 건너뛰기, 짧은뜨기 2, 한 코 건너뛰기, 짧은뜨기 1, 사슬뜨기 1, 뒤집기(3코)

24단: 첫코 건너뛰기, 안 보이게 코줄이기 1(1코)

실을 끊고 정리한다. 단춧구멍의 맞은편 모서리에 빨간색 단추를 단다.(사진 1)

카우보이 모자 실: ● 갈색

1단: 매직링에 짧은뜨기 8(8코)

2단: 코늘리기 8(16코)

3단: [1코에 긴뜨기 2, 긴뜨기 1] × 8(24코)

4단: 1코에 긴뜨기 2, 긴뜨기 3, [1코에 긴뜨기 2, 긴뜨기 1] × 5, 긴뜨기 2, [1코에 긴뜨기 2, 긴뜨기1] × 4(34코)

5단: 긴뜨기 1, 1코에 긴뜨기 2, 긴뜨기 1, 긴뜨기 코줄이기 1, 긴뜨기 1, 1코에 긴뜨기 2, 긴뜨기 1, 한길긴뜨기 1, 2코에 한길긴뜨기 2개씩, 한길긴뜨기 3, 2코에 한길긴뜨기 2개씩, 한길긴뜨기 1, 긴뜨기 1, 1코에 긴뜨기 2, 긴뜨기 1, 긴뜨기 코줄이기 1, 긴뜨기 1, 1코에 긴뜨기 2, 긴뜨기 1, 한길긴뜨기 1, 2코에 한길긴뜨기 2개씩, 한길긴뜨기 3, 2코에 한길긴뜨기 2개씩, 한길긴뜨기 1(44코)

6단: 긴뜨기 1, 긴뜨기 코줄이기 1, 긴뜨기 2, 긴뜨기 코줄이기 1, 긴뜨기 16, 긴뜨기 코줄이기 1, 긴뜨기 2, 긴뜨기 코줄이기 1, 긴뜨기 15(40코)

7단: 긴뜨기 13, 긴뜨기 코줄이기 1, 긴뜨기 18, 긴뜨기 코줄이기 1, 긴뜨기 5(38코)

8~10단: 긴뜨기 38(38코)

11단: 긴뜨기 36, 짧은뜨기 2, 빼뜨기, 사슬뜨기 1(38코)

12단: 빼뜨기한 코에서 시작, [앞고리 이랑뜨기로 짧은뜨기 1, 앞고리 이랑뜨기로 코늘리기 1] × 19, 빼뜨기, 사슬뜨기 1(57코)

13단: 빼뜨기한 코에서 시작, 한길긴뜨기 57, 빼뜨기, 사슬뜨기 1(57코)

14단: 빼뜨기한 코에서 시작, 긴뜨기 6, 1코에 긴뜨기 2, [긴뜨기 2, 1코에 긴뜨기 2] × 3, 긴뜨기 18, 1코에 긴뜨기 2, [긴뜨기 2, 1코에 긴뜨기 2] × 3, 긴뜨기 13, 빼뜨기, 사슬뜨기 1(65코)

15단: 빼뜨기한 코에서 시작, 한길긴뜨기 65, 빼뜨기, 사슬뜨기 1(65코)

16단: 빼뜨기한 코에서 시작, 한길긴뜨기 2, 1코에 한길긴뜨기 2, 한길긴뜨기 2, 1코에 한길긴뜨기 2, 한길긴뜨기 1, 긴뜨기 5, 짧은뜨기

2, 긴뜨기 5, [한길긴뜨기 2, 1코에 한길긴뜨기 2] × 7, 긴뜨기 5, 짧은뜨기 2, 긴뜨기 5, [한길긴뜨기 2, 1코에 한길긴뜨기 2] × 4, 한길긴뜨기 1(78코)

실을 끊고 정리한다.(사진 2) 모자 안쪽에 몇 땀을 떠서 모양을 잡는다.(사진 3)

모자 밴드   실: ● 카멜색

사슬뜨기 45, 첫코에 빼뜨기하여 원 만들기, 사슬뜨기 1

1단: 짧은뜨기 45(45코)

꼬리실을 남기고 끊는다. 모자에 둘러 바느질한다.(사진 4)

모자 안쪽 원   실: ● 갈색

1단: 매직링에 짧은뜨기 8(8코)

2단: 코늘리기 8(16코)

3단: [짧은뜨기 1, 코늘리기 1] × 8(24코)

4단: [짧은뜨기 2, 코늘리기 1] × 8(32코)

5단: [짧은뜨기 3, 코늘리기 1] × 6, 짧은뜨기 8(38코)

꼬리실을 길게 남기고 끊는다.(사진 5)

충전재로 모자를 가볍게 채우고, 모양을 잡는다. 미리 만들어 둔 모자와 원을 맞댄다. 모자의 12단과 원의 5단 뒷고리를 동시에 통과하여 결합한다.(사진 6)

턱 끈   실: ● 갈색

사슬뜨기 45, 꼬리실을 남기고 끊는다. 모자의 12단과 원의 5단 연결 부분에 끈을 고정한다. 움푹 들어간 부분이 뒤쪽이 되도록 한다. 작은 구슬을 끼워 넣어 끈을 고정한다.(사진 7)

오버올   실: ● 하늘색

크리스마스 세트의 오버올 패턴(p.50~52)대로 작업한다. 단, 27단의 색은 바꾸지 않는다. 하늘색 단추를 오버올 끈 부분에 바느질하여 고정한다.

오버올 주머니   실: ● 하늘색

사슬뜨기 9

1단: 2번째 사슬코에서 시작하여 짧은뜨기 8, 사슬뜨기 1, 뒤집기(8코)

2~4단: 짧은뜨기 8, 사슬 1, 뒤집기(8코)

5단: 짧은뜨기 8(8코)

완성된 주머니를 오버올 앞쪽의 5단과 10단 사이에 붙인다.

하얀색 실로 옷의 아랫단과 가운데 부분에 2줄 홈질하여 완성한다.(사진 8)

난이도: ** 게이지 : 7코 x 7단(2.5 x 2.5cm)
디자이너는 똑같은 장력으로 작업하기 때문에 인형과 옷을 똑같은 바늘을
사용했어요. 다른 크기를 원한다면 다양한 크기의 코바늘을 이용해도 좋아요.

www.amigurumi.com/3707
사이트에 작품을 올려보세요. 다른 작품을
통해 영감을 얻을 수 있어요.

준비물

<실>
- ◐ 크림색
- ◐ 노란색
- ● 갈색
- ● 빨간색(소량)

코바늘(2mm)
돗바늘 / 마커 / 가위 / 핀
하얀색 재봉실
하얀색 단추(1.5cm) 1개
나무 꼬치 / 원단용 풀

큐피드 세트

중요해요!

→ 티셔츠를 입은 기본 인형을 만들고 시작하세요. 인형은 자유롭게 선택하되 하얀색 티셔츠를 만드세요.

날개(2개) 실: ◐ 크림색

날개 끝부분에 3개의 반원을 만들면서 시작한다.

날개 끝 반원 1, 2(총 2개)

1단: 매직링에 짧은뜨기 6(6코)
2단: 코늘리기 6(12코)
3단: [짧은뜨기 1, 코늘리기 1] × 6(18코)
4~5단: 짧은뜨기 18(18코)
실을 끊어 정리한다.

날개 끝 반원 3

1단: 매직링에 짧은뜨기 6(6코)
2단: 코늘리기 6(12코)
3단: [짧은뜨기 1, 코늘리기 1] × 6(18코)
4단: [짧은뜨기 2, 코늘리기 1] × 6(24코)
5~6단: 짧은뜨기 24(24코)
실을 끊지 않는다. 다음 단에서 만들어 둔 원 2를 연결한다.(사진1)
7단: 원 3에 짧은뜨기 12, 원 2에 짧은뜨기 18, 원 3에 짧은뜨기 12 (42코)(사진 2)
8단: 짧은뜨기 42(42코)
다음 단에서 원 1을 연결한다.
9단: 짧은뜨기 21, 원 1에 짧은뜨기 18, 짧은뜨기 21(60코)(사진 3)
10단: 안 보이게 코줄이기 1, 짧은뜨기 26, 안 보이게 코줄이기 2, 짧은뜨기 26, 안 보이게 코줄이기 1(56코)
11단: 안 보이게 코줄이기 2, 짧은뜨기 20, 안 보이게 코줄이기 4, 짧은뜨기 20, 안 보이게 코줄이기 2(48코)
12단: [짧은뜨기 6, 안 보이게 코줄이기 1] × 6(42코)
13단: 짧은뜨기 42(42코)
14단: [짧은뜨기 5, 안 보이게 코줄이기 1] × 6(36코)
15~17단: 짧은뜨기 36(36코)

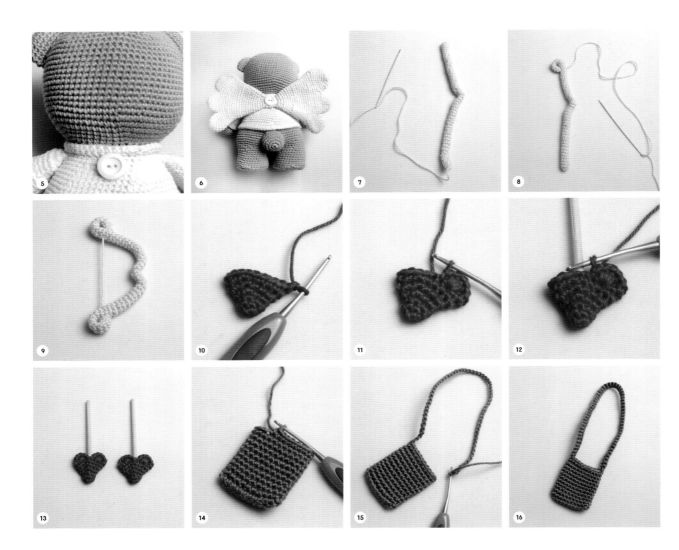

18단: [짧은뜨기 4, 안 보이게 코줄이기 1] × 6(30코)

19~20단: 짧은뜨기 30(30코)

21단: [짧은뜨기 3, 안 보이게 코줄이기 1] × 6(24코)

22~23단: 짧은뜨기 24(24코)

24단: [짧은뜨기 2, 안 보이게 코줄이기 1] × 6(18코)

25단: 짧은뜨기 18(18코)

26단: [짧은뜨기 1, 안 보이게 코줄이기 1] × 6(12코)

27단: 짧은뜨기 12(12코)

짧은뜨기 2. 여기가 단의 마지막이 된다.

날개는 충전재를 채우지 않는다. 날개의 입구 부분을 납작하게 하고 다음 단에서 양쪽 코를 동시에 통과하여 입구를 막으며 작업한다.

28단: 짧은뜨기 6(6코)

꼬리실을 남기고 끊는다.(사진 4) 날개의 28단이 서로 맞닿게 한다. 날개의 바깥쪽 부분만 바느질하고, 가운데 부분에 단추를 달 부분을 남긴다. 날개의 가운데, 36단에 하얀색 단추를 단다.(사진 5, 6)

활 실: ● 노란색

1단: 매직링에 짧은뜨기 6(6코)

2~21단: 짧은뜨기 6(6코)

22~23단: 안 보이게 코줄이기 1, 짧은뜨기 1, 코늘리기 1, 짧은뜨기 2(6코)

24단: 짧은뜨기 6(6코)

25~26단: 코늘리기 1, 짧은뜨기 1, 안 보이게 코줄이기 1, 짧은뜨기 2(6코)

27~46단: 짧은뜨기 6(6코)

활은 충전재를 채우지 않는다. 꼬리실을 남기고 끊는다. 돗바늘에 꼬리실을 꿰어(사진 7) 활의 한쪽 끝을 바깥쪽으로 말아 몇 땀 떠 고정한다.(사진 8) 실을 반대편으로 가져와 활줄을 만든다. 나머지 활의 끝도 바깥으로 말아 몇 땀 떠 고정한다.(사진 9) 실을 끊고 정리한다.

화살촉(2개)   실: ● 빨간색

1단: 매직링에 짧은뜨기 6(6코)

2단: 짧은뜨기 6(6코)

3단: [짧은뜨기 1, 코늘리기 1] × 3(9코)

4단: [짧은뜨기 2, 코늘리기 1] × 3(12코)

5단: [짧은뜨기 3, 코늘리기 1] × 3(15코)

6단: [짧은뜨기 4, 코늘리기 1] × 3(18코)

화살촉은 충전재를 채우지 않는다. 화살촉의 입구 부분을 납작하게 하고 다음 단에서 양쪽 코를 동시에 통과하여 입구를 막으며 작업한다.

7단: 2코 건너뛰기(사진 10), 긴뜨기5, 빼뜨기 1(사진 11)

나무 꼬치를 8cm 길이로 자른다. 필요한 경우에는 사포로 끝 부분을 문질러 부드럽게 만든다. 꼬치 끝에 천 접착제를 발라 화살촉에 꽂는다.(사진 12)

7단(이어서): 빼뜨기, 1코에 긴뜨기 5, 1코 건너뛰기, 빼뜨기 1(13코)
실을 끊고 정리한다.(사진 13)

화살통   실: ● 갈색

사슬뜨기 11

1단: 2번째 사슬코에서 시작하여 코늘리기 1, 짧은뜨기 8, 기초 사슬코의 반대쪽 고리에 짧은뜨기 3, 짧은뜨기 9(22코)

2~12단: 짧은뜨기 22(22코)

13단: 짧은뜨기 3(3코)(사진 14)

뜨지 않은 코는 남겨놓는다. 사슬뜨기 60, 화살통의 모서리에 빼뜨기(사진15), 사슬에 짧은뜨기 60, 화살통의 모서리에 빼뜨기(사진 16)
실을 끊고 정리한다.

난이도: ✱✱ 게이지 : 7코 x 7단(2.5 x 2.5cm)
디자이너는 똑같은 장력으로 작업하기 때문에 인형과 옷을 똑같은 바늘을
사용했어요. 다른 크기를 원한다면 다양한 크기의 코바늘을 이용해도 좋아요.

www.amigurumi.com/3708
사이트에 작품을 올려보세요. 다른 작품을
통해 영감을 얻을 수 있어요.

준비물

<실>
- ● 빨간색
- ● 검은색
  - 하얀색(소량)

코바늘(2mm)
돗바늘 / 마커 / 가위 / 핀
빨간색 재봉실
빨간색 벨크로 테이프

소방관 세트

중요해요!

→ 자유롭게 기본 인형을 선택하여 만들고 시작하세요.

소방복 실: ● 빨간색 ● 검은색

● 빨간색. 사슬뜨기 57

1단: 2번째 사슬코에서 시작하여 짧은뜨기 8, 사슬뜨기 2, 짧은뜨기 12, 사슬뜨기 2, 짧은뜨기 16, 사슬뜨기 2 짧은뜨기 12, 사슬뜨기 2, 짧은뜨기 8, 사슬뜨기 1, 뒤집기(56코+사슬 8코)

2단: 짧은뜨기 8, 사슬에 짧은뜨기 3, 짧은뜨기 12, 사슬에 짧은뜨기 3, 짧은뜨기 16, 사슬에 짧은뜨기 3, 짧은뜨기 12, 사슬에 짧은뜨기 3, 짧은뜨기 8, 사슬뜨기 1, 뒤집기(68코)

3단: 짧은뜨기 68, 사슬뜨기 1, 뒤집기(68코)

4단: 짧은뜨기 9 , 사슬에 짧은뜨기 3, 짧은뜨기 14, 사슬에 짧은뜨기 3, 짧은뜨기 18, 사슬에 짧은뜨기 3, 짧은뜨기 14, 사슬에 짧은뜨기 3, 짧은뜨기 9, 사슬뜨기 1, 뒤집기(76코)

5단: 짧은뜨기 76, 사슬뜨기 1, 뒤집기(76코)

실 바꾸기: ● 검은색

6단: 짧은뜨기 10, 1코에 짧은뜨기 3, 짧은뜨기 16, 1코에 짧은뜨기 3, 짧은뜨기 20, 1코에 짧은뜨기 3, 짧은뜨기 16, 1코에 짧은뜨기 3, 짧은뜨기 10, 사슬뜨기 1, 뒤집기(84코)

7단: 짧은뜨기 84, 사슬뜨기 1, 뒤집기(84코)(사진 1)

실 바꾸기: ● 빨간색

8단: 짧은뜨기 11, 사슬뜨기 7, 20코 건너뛰기, 짧은뜨기 22, 사슬뜨기 7, 20코 건너뛰기, 짧은뜨기 11, 사슬뜨기 1, 뒤집기(44코+사슬 14코)(사진 2)

9단: 9단은 사슬코와 8단에 작업한다. 짧은뜨기 58, 사슬뜨기 1, 뒤집기(58코)

10단: 짧은뜨기 10, 사슬뜨기 1, 코늘리기 1, 짧은뜨기 36, 코늘리기 1, 짧은뜨기 10, 사슬뜨기 1, 뒤집기(60코)

11단: 짧은뜨기 60, 사슬뜨기 1, 뒤집기(60코)

12단: [짧은뜨기 9, 코늘리기 1] × 3, [코늘리기 1, 짧은뜨기 9] × 3, 사슬뜨기 1, 뒤집기(66코)

13단: 짧은뜨기 66, 사슬뜨기 1, 뒤집기(66코)

실 바꾸기: ● 검은색

14단: 짧은뜨기 2, 코늘리기 1, 짧은뜨기 8, [코늘리기 1, 짧은뜨기 10] × 2, [짧은뜨기 10, 코늘리기 1] × 2, 짧은뜨기 8, 코늘리기 1, 짧은뜨기 2, 사슬뜨기 1, 뒤집기(72코)

15단: 짧은뜨기 72, 사슬뜨기 1, 뒤집기(72코)

실 바꾸기: ● 빨간색

16단: 짧은뜨기 2, 코늘리기 1, 짧은뜨기 9, [코늘리기 1, 짧은뜨기 11] × 2, [짧은뜨기 11, 코늘리기 1] × 2, 짧은뜨기 9, 코늘리기 1, 짧은뜨기 2, 사슬뜨기 1, 뒤집기(78코)

17단: 짧은뜨기 78, 사슬뜨기 1, 뒤집기(78코)

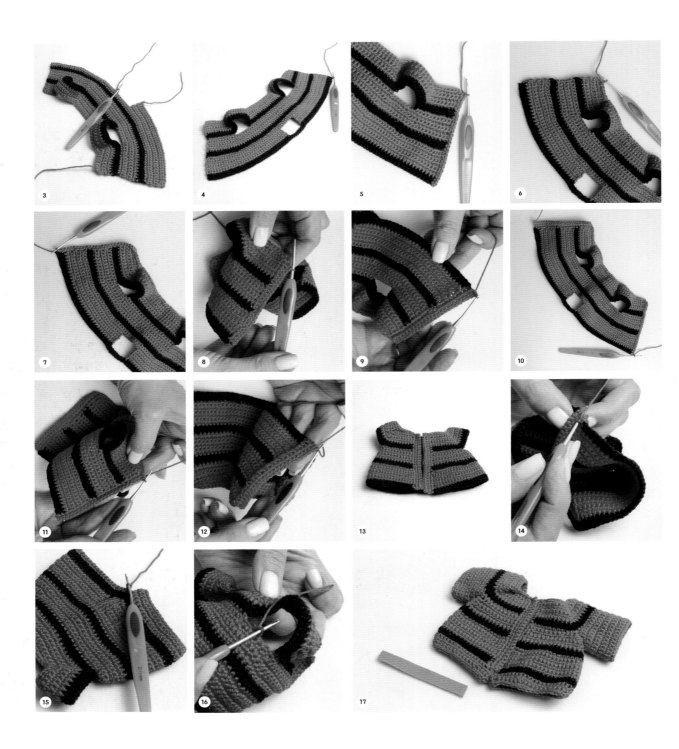

수트의 하단은 두 부분으로 나누어 뜨고, 마지막에 합쳐서 완성한다.

[첫 번째 부분]

18단: 짧은뜨기 35, 사슬뜨기 1, 뒤집기(35코)

19~21단: 짧은뜨기 35, 사슬뜨기 1, 뒤집기(35코)

22단: 짧은뜨기 35(35코)

실을 끊고 정리한다.

[두 번째 부분]

18~22단: 옷의 겉쪽이 보이게 두고 작업한다. 17단의 뜨지 않은 9번째 코에서 시작한다.(사진 3) 첫 번째 부분의 패턴대로 작업한다.

실을 끊지 않고. 다음 단에서 두 부분을 결합한다.

사슬뜨기 1, 뒤집기

실 바꾸기: ● 검은색

23단: 두 번째 부분에 짧은뜨기 35, 사슬뜨기 8, 첫 번째 부분에 짧은뜨기 35, 사슬뜨기 1, 뒤집기(70코+사슬 8코)

24단은 23단의 사슬과 코에 작업한다.

24단: 짧은뜨기 78(78코)

실을 끊고 정리한다.

왼쪽 앞섶 실: ● 빨간색

옷의 겉쪽이 보이게 두고 작업한다. 오른쪽 맨 아랫줄 끝의 코에서 시작한다.(사진 4)

1단: 짧은뜨기 22, 코늘리기 1(사진 5), [짧은뜨기 5, 안 보이게 코줄이기 1] × 8(사진 6), 코늘리기 1, 짧은뜨기 22(사진 7), 사슬뜨기 1, 뒤집기(96코)

2단: 짧은뜨기 24(사진 8), 사슬뜨기 1, 뒤집기(24코)

3단: 짧은뜨기 24(24코)(사진 9)

실을 끊고 정리한다.

오른쪽 앞섶 실: ● 빨간색

옷의 겉쪽이 보이게 두고 작업한다. 오른쪽 맨 아랫줄 끝의 코에서 시작한다.(사진 10)

2단: 짧은뜨기 24(사진 11), 사슬뜨기 1, 뒤집기(24코)

3단: 짧은뜨기 24(24코)(사진 12)

실을 끊고 정리한다.(사진 13)

바지 단 1 실: ● 빨간색

양쪽 앞섶이 마주보도록 정렬한다. 오른쪽 앞섶의 아래 1단에서 시작하여 양쪽 앞섶을 연결한다.

25단: 양쪽 코를 동시에 통과하여 짧은뜨기 3(사진 14), 옷 전체를 둘러가며 짧은뜨기 78, 빼뜨기, 앞섶 중심으로 옮겨가며 빼뜨기 2, 사슬뜨기 1, 뒤집기(81코)

26단: 마지막 빼뜨기한 코에서 시작하여 짧은뜨기 40, 사슬뜨기 2, 처음 빼뜨기한 코에서 빼뜨기, 사슬뜨기 1, 뒤집기(40코+사슬 2코)

27단: 26단 빼뜨기한 코에서 시작하여 사슬에 짧은뜨기 2, 짧은뜨기 3, 안 보이게 코줄이기 1, [짧은뜨기 5, 안 보이게 코줄이기 1] × 5, 빼뜨기, 사슬뜨기 1, 뒤집기(36코)

28단: 빼뜨기한 코에서 시작하여 짧은뜨기 36, 빼뜨기(36코)

실을 끊고 정리한다.

바지 단 2

실: ● 빨간색

옷의 뒤쪽 가운데 코에서 시작한다.(사진 15)

26단: 짧은뜨기 40, 첫 번째 바지 단에 있는 사슬에 짧은뜨기 2, 빼뜨기, 사슬뜨기 1, 뒤집기(42코)

27단: 빼뜨기한 코에서 시작하여 [짧은뜨기 5, 안 보이게 코줄이기 1] × 6, 빼뜨기, 사슬뜨기 1, 뒤집기(36코)

28단: 빼뜨기한 코에서 시작하여 짧은뜨기 36, 빼뜨기(36코)

실을 끊고 정리한다.

소매(2개) 실: ● 빨간색

옷의 겉쪽이 보이게 두고 작업한다. 옷의 몸통 부분 8단의 4번째 사슬에서 시작한다.(사진 16)

8단: 짧은뜨기 27, 빼뜨기, 사슬뜨기 1, 뒤집기(27코)

9~17단: 빼뜨기한 코에서 시작하여 짧은뜨기 27, 빼뜨기, 사슬뜨기 1, 뒤집기(27코)

18단: 빼뜨기한 코에서 시작하여 짧은뜨기 27, 빼뜨기(27코)

실을 끊고 정리한다. 빨간색 실로 벨크로 테이프를 앞섶에 붙인다.

(사진 17)

모자 실: ● 검은색

1단: 매직링에 짧은뜨기 6(6코)

2단: 코늘리기 6(12코)

3단: [짧은뜨기 1, 코늘리기 1] × 6(18코)

4단: [짧은뜨기 2, 코늘리기 1] × 6(24코)

5단: [짧은뜨기 3, 코늘리기 1] × 6(30코)

6단: [짧은뜨기 4, 코늘리기 1] × 6(36코)

7단: [짧은뜨기 5, 코늘리기 1] × 6(42코)

모자는 두 부분으로 나누어 작업하고 마지막에 합쳐서 완성한다.

[첫 번째 부분]

8단: [짧은뜨기 6, 코늘리기 1] × 3, 사슬뜨기 1, 뒤집기(24코)

9단: [짧은뜨기 7, 코늘리기 1] × 3, 사슬뜨기 1, 뒤집기(27코)

10단: [짧은뜨기 8, 코늘리기 1] × 3, 사슬뜨기 1, 뒤집기(30코)

11단: [짧은뜨기 9, 코늘리기 1] × 3, 사슬뜨기 1, 뒤집기(33코)

12단: [짧은뜨기 10, 코늘리기 1] × 3, 사슬뜨기 1, 뒤집기(36코)

13~14단: 짧은뜨기 36, 사슬뜨기 1, 뒤집기(36코)

15단: 짧은뜨기 36(36코)

실을 끊고 정리한다.

[두 번째 부분]

모자의 겉쪽이 보이게 두고 작업한다. 7단의 뜨지 않은 부분의 첫코에서 시작한다.

8~15단: 첫 번째 부분의 패턴대로 작업한다.(사진 18)

실을 끊지 않는다. 사슬뜨기 1, 뒤집기

다음 단에서 두 부분을 연결한다.

16단: 두 번째 부분에 짧은뜨기 36, 첫 번째 부분에 짧은뜨기 36, 두 번째 부분의 첫코에 빼뜨기(72코)

17~18단: 짧은뜨기 72(72코)(사진 19)

19단: [짧은뜨기 11, 코늘리기 1] × 6(78코)

20단: 앞고리 이랑뜨기로 [짧은뜨기 12, 코늘리기 1] × 6(84코)

21단: 짧은뜨기 6, 코늘리기 1, [짧은뜨기 13, 코늘리기 1] × 5, 짧은뜨기 7(90코)

22단: [짧은뜨기 14, 코늘리기 1] × 6(96코)

23단: 짧은뜨기 4, 코늘리기 1, [짧은뜨기 15, 코늘리기 1] × 5, 짧은뜨기 11(102코)

24단: 뒷고리 이랑뜨기로 [짧은뜨기 15, 안 보이게 코줄이기 1] × 6(96코)

25단: [짧은뜨기 14, 안 보이게 코줄이기 1] × 6(90코)

26단: [짧은뜨기 13, 안 보이게 코줄이기 1] × 6(84코)

22

23

27단: [짧은뜨기 12, 안 보이게 코줄이기 1] × 6(78코)
꼬리실을 남기고 자른다. 모자의 안쪽이 자신을 향하도록 잡고, 남은
실로 20단의 뒷고리 부분에 바느질하여 마무리한다. (사진 20)

모자 위 단추 실: ● 검은색
1단: 매직링에 짧은뜨기 6(6코)
2단: 코늘리기 6(12코)
꼬리실을 남기고 자른다.

모자 줄무늬(6개) 실: ● 검은색
실 2가닥으로 사슬뜨기 13, 꼬리실을 남기고 끊는다.

뱃지 실: ● 빨간색
사슬뜨기 11
1단: 2번째 사슬코에서 시작하여 짧은뜨기 10, 사슬 1, 뒤집기(10코)
2~4단: 짧은뜨기 10, 사슬 1, 뒤집기(10코)
5단: 첫코 건너뛰고 짧은뜨기 7, 다음 코 건너뛰고 짧은뜨기 1, 사슬 1,
뒤집기(8코)
6단: 첫코 거르고 짧은뜨기 3, 다음 코에 긴뜨기 1+한길긴뜨기 1+긴
뜨기 1, 짧은뜨기 3, 빼뜨기(9코)
꼬리실을 남기고 자른다. 모자 위 단추는 모자 꼭대기에 바느질하고,
줄무늬를 일정한 간격으로 바느질한다. 뱃지에 하얀색 실로 알파벳을
수놓아 모자 가운데에 붙인다. (사진 21)

신발(2개) 실: ● 검은색
크리스마스 세트의 신발과 같은 방법으로 만든다. (p.52) 실은 바꾸지
않고, 품폼은 생략한다. (사진22, 23)

난이도: **(*) 게이지 : 7코 x 7단(2.5 x 2.5cm)
디자이너는 똑같은 장력으로 작업하기 때문에 인형과 옷을 똑같은 바늘을
사용했어요. 다른 크기를 원한다면 다양한 크기의 코바늘을 이용해도 좋아요.

www.amigurumi.com/3709
사이트에 작품을 올려보세요. 다른 작품을
통해 영감을 얻을 수 있어요.

준비물

<실>

- 민트색
- 초록색
  하얀색
- 검은색
- 하늘색(소량)
- 회색(소량)

코바늘(2mm)
돗바늘 / 마커 / 가위 / 핀
하얀색 재봉실 / 하얀색 벨크로 테이프
안전핀 / 구슬(1mm) / 충전재
선택 재료: 꼬치 막대기 또는 교구용 철사

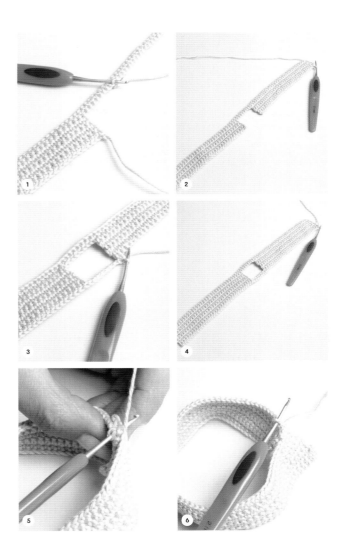

피트니트 세트

중요해요!

→ 자유롭게 선택하여 기본 인형을 만들고 시작하세요.

반바지　실: ● 민트색

사슬뜨기 73

1단: 2번째 사슬코에서 시작하여 짧은뜨기 72, 사슬뜨기 1, 뒤집기 (72코)

반바지는 두 부분으로 나누어 작업하고 마지막에 합쳐서 완성한다.

[첫 번째 부분]

2~5단: 짧은뜨기 32, 사슬뜨기 1, 뒤집기(32코)

6단: 짧은뜨기 32(32코)

실을 끊고 마무리한다.

[두 번째 부분]

1단의 9번째 코에서 시작한다.(사진 1)

2~6단: 첫 번째 부분의 패턴대로 작업한다.(사진 2)

실을 끊지 않고 다음 단에서 두 부분을 연결한다.

사슬뜨기 1, 뒤집기

7단: 두 번째 부분에 짧은뜨기 32, 사슬뜨기 8, 첫 번째 부분에 짧은뜨기 32, 사슬뜨기 1, 뒤집기(64코+사슬 8코)(사진 3)

8단은 사슬코와 7단에 작업한다.

8단: 짧은뜨기 72(72코)(사진 4)

반바지 양쪽 끝부분을 3코가 겹쳐지도록 정렬한다.(사진 5)

9단: 사슬뜨기 1, 겹친 코를 동시에 통과하여 짧은뜨기 3(사진 6), 짧은뜨기 66(69코)(사진 7)

10~13단: 짧은뜨기 4, 사슬뜨기 1, 뒤집기(4코)
뜨지 않은 코는 남겨둔다.

14단: 짧은뜨기 4(4코)(사진 8)
꼬리실을 남기고 자른다. 반바지에 조각 부분을 바느질한다.(사진 9, 10) 반바지 뒤쪽에 벨크로 테이프를 붙인다.

후드티

조끼 실: ● 초록색

사슬뜨기 57

1단: 2번째 사슬코에서 시작하여 짧은뜨기 8, 사슬뜨기 2, 짧은뜨기 12, 사슬뜨기 2, 짧은뜨기 16, 사슬뜨기 2, 짧은뜨기 12, 사슬뜨기 2, 짧은뜨기 8, 사슬뜨기 1, 뒤집기(56코+사슬 8코)

2단: 짧은뜨기 8, 사슬코에 짧은뜨기 3, 짧은뜨기 12, 사슬코에 짧은뜨기 3, 짧은뜨기 16, 사슬코에 짧은뜨기 3, 짧은뜨기 12, 사슬코에 짧은뜨기 3, 짧은뜨기 8, 사슬뜨기 1, 뒤집기(68코)

3단: 짧은뜨기 68, 사슬뜨기 1, 뒤집기(68코)

4단: 짧은뜨기 9, 1코에 짧은뜨기 3, 짧은뜨기 14, 1코에 짧은뜨기 3, 짧은뜨기 18, 1코에 짧은뜨기 3, 짧은뜨기 14, 1코에 짧은뜨기 3, 짧은뜨기 9, 사슬뜨기 1, 뒤집기(76코)

5단: 짧은뜨기 76, 사슬뜨기 1, 뒤집기(76코)

6단: 짧은뜨기 10, 1코에 짧은뜨기 3, 짧은뜨기 16, 1코에 짧은뜨기 3, 짧은뜨기 20, 1코에 짧은뜨기 3, 짧은뜨기 16, 1코에 짧은뜨기 3, 짧은뜨기 10, 사슬뜨기 1, 뒤집기(84코)

7단: 짧은뜨기 84, 사슬뜨기 1, 뒤집기(84코)(사진 11)

8단: 짧은뜨기 11, 사슬뜨기 7, 20코 건너뛰기, 짧은뜨기 22, 사슬뜨기 7, 20코 건너뛰기, 짧은뜨기 11, 사슬뜨기 1, 뒤집기(44코+사슬 14코)(사진12)

9단: 사슬코과 8단에 작업한다. 짧은뜨기 58, 사슬뜨기 1, 뒤집기(58코)

10단: 짧은뜨기 10, 코늘리기 1, 짧은뜨기 36, 코늘리기 1, 짧은뜨기 10, 사슬뜨기 1, 뒤집기(60코)

11단: 짧은뜨기 60, 사슬뜨기 1, 뒤집기(60코)

12단: [짧은뜨기 9, 코늘리기 1] × 5, 짧은뜨기 8, 코늘리기 1, 짧은뜨기 1, 사슬뜨기 1, 뒤집기(66코)

13단: 짧은뜨기 66, 사슬뜨기 1, 뒤집기(66코)

14단: 짧은뜨기 2, 코늘리기 1, 짧은뜨기 8, [코늘리기 1, 짧은뜨기 10] × 5, 사슬뜨기 1, 뒤집기(72코)

15단: 짧은뜨기 72, 사슬뜨기 1, 뒤집기(72코)

16단: 짧은뜨기 2, 코늘리기 1, 짧은뜨기 9, [코늘리기 1, 짧은뜨기 11] × 5, 사슬뜨기 1, 뒤집기(78코)

15단: 짧은뜨기 78(78코)
실을 끊고 정리한다.

후드 모자 실: ● 초록색 ○ 하얀색

● 초록색. 조끼의 겉쪽이 보이게 두고 작업한다. 시작 사슬코의 마지막 코에서 시작한다.(사진 13)

1단: 앞고리 이랑뜨기로 짧은뜨기 56, 사슬뜨기 1, 뒤집기(56코)

2단: 짧은뜨기 56, 사슬뜨기 1, 뒤집기(56코)

3단: 짧은뜨기 6, 코늘리기 1, [짧은뜨기 13, 코늘리기 1] × 3, 짧은뜨기 7, 사슬뜨기 1, 뒤집기(60코)

4단: 짧은뜨기 60, 사슬뜨기 1, 뒤집기(60코)

5단: 짧은뜨기 5, 코늘리기 1, [짧은뜨기 9, 코늘리기 1] × 5, 짧은뜨기 4, 사슬뜨기 1, 뒤집기(66코)

6단: 짧은뜨기 66, 사슬뜨기 1, 뒤집기(66코)

7단: 짧은뜨기 5, 코늘리기 1, [짧은뜨기 10, 코늘리기 1] × 5, 짧은뜨기 5, 사슬뜨기 1, 뒤집기(72코)

8~19단: 짧은뜨기 72, 사슬뜨기 1, 뒤집기(72코)
후드 모자는 세 부분으로 나누어 작업하고 마지막에 합쳐서 완성한다.

[첫 번째 부분]

20~28단: 짧은뜨기 16, 사슬뜨기 1, 뒤집기(16코)

29단: 짧은뜨기 16(16코)
실을 끊고 정리한다.

[두 번째 부분]

후드의 겉쪽이 보이게 두고 작업한다. 시작 사슬코의 가장 마지막 코에서 시작한다. 조끼의 위쪽으로 작업한다.

20~28단: 19단의 뜨지 않은 다음 코에서 시작한다.(사진 14) 짧은뜨기 40, 사슬뜨기 1, 뒤집기(40코)

29단: 짧은뜨기 40(40코)
실을 끊고 정리한다.

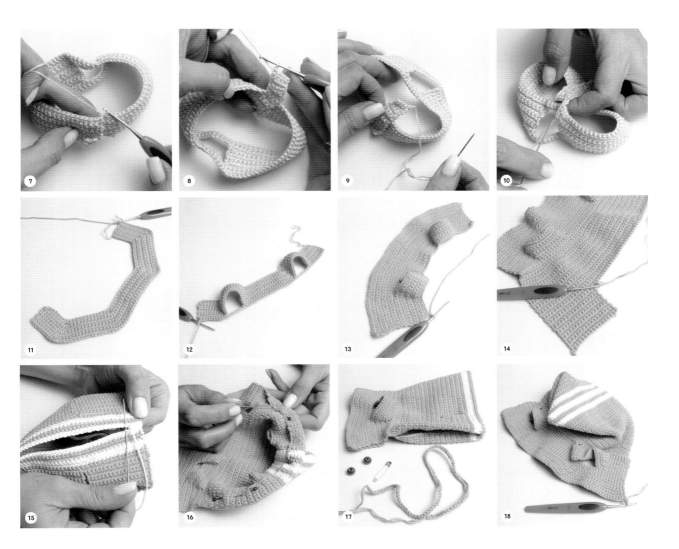

[세 번째 부분]

후드의 겉쪽이 보이게 두고 작업한다.

20~28단: 19단의 뜨지 않은 첫코에서 시작한다. 짧은뜨기 16, 사슬뜨기 1, 뒤집기(16코)

29단: 짧은뜨기 16(6코)

실을 끊고 정리한다. 후드의 겉쪽이 보이게 두고, 다음 단에서 세 부분을 연결한다.

30단: 첫 번째 부분의 29단 첫코에서 시작한다. 첫 번째 부분에 짧은뜨기 16, 두 번째 부분에 짧은뜨기 40, 세 번째 부분에 짧은뜨기 16,

사슬뜨기 1, 뒤집기(72코)

31단: 짧은뜨기 72, 사슬뜨기 1, 뒤집기(72코)

실 바꾸기: ○ 하얀색

32~33단: 짧은뜨기 72, 사슬뜨기 1, 뒤집기(72코)

실 바꾸기: ● 초록색

34~35단: 짧은뜨기 72, 사슬뜨기 1, 뒤집기(72코)

실 바꾸기: ○ 하얀색

36단: 짧은뜨기 72(72코)

꼬리실을 남기고 끊는다. 후드의 겉쪽이 보이게 두고, 후드의 하얀색

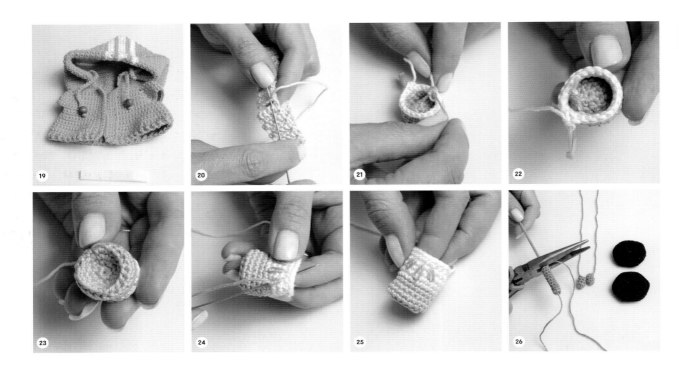

가장자리가 맞닿게 정렬하고 연결한다.(사진 15) 후드 모자의 가장자리를 1cm 정도 접어 바느질하여 끈을 끼울 공간을 만든다.(사진 16) 실을 끊고 정리한다. 초록색 실 2줄로 사슬 90코를 떠 끈을 만든다. 후드 가장자리에 통과시키고, 빠지지 않도록 양 끝에 구슬을 단다.(사진 17)

후드 오른쪽 앞섶   실: ● 초록색

옷의 겉쪽이 보이게 두고 작업한다. 오른쪽 맨 아랫줄 끝의 코에서 실을 걸어 시작한다.(사진 18) 위쪽 단으로 옮겨가며 뜬다.

1단: 짧은뜨기 18, 사슬뜨기 1, 뒤집기(18코)
2~3단: 짧은뜨기 18, 사슬뜨기 1, 뒤집기(18코)
4단: 짧은뜨기 18(18코)
실을 끊고 정리한다.

후드 왼쪽 앞섶   실: ● 초록색

옷의 안쪽이 보이게 두고 작업한다. 오른쪽 첫단 끝에서 실을 걸어 시작한다. 위쪽 단으로 옮겨가며 뜬다.

1~4단: 오른쪽 앞섶의 패턴대로 작업한다.

실을 끊지 않고 조끼 부분의 아랫단을 계속 뜬다.

아랫단 마무리 실: ● 초록색

1단: 사슬뜨기 2(기둥코), 긴뜨기 83, 사슬뜨기 2(2단의 기둥코), 뒤집기(84코)

2단: [긴뜨기 앞 걸어뜨기 1, 긴뜨기 뒤 걸어뜨기 1] × 41, 마지막 코는 긴뜨기 앞 걸어뜨기 1(84코)

실을 끊고 정리한다. (사진 19) 벨크로 테이프를 앞섶에 붙인다.

헤어밴드 실: ● 민트색

사슬뜨기 6

1단: 2번째 사슬코에서 시작하여 짧은뜨기 5, 사슬뜨기 1, 뒤집기(5코)

2~63단: 뒷고리 이랑뜨기로 짧은뜨기 5, 사슬뜨기 1, 뒤집기(5코)

64단: 뒷고리 이랑뜨기로 짧은뜨기 5(5코)

꼬리실을 남기고 끊는다. 밴드 끝부분을 연결한다. (사진 20)

물병 실: ● 하늘색 ○ 하얀색

● 하늘색. 꼬리실을 남기고 시작한다.

1단: 매직링에 짧은뜨기 8(8코)

2단: [짧은뜨기 1, 코늘리기 1] × 4(12코)

3단: [짧은뜨기 2, 코늘리기 1] × 4(16코)

4단: [짧은뜨기3, 코늘리기 1] × 4(20코)

5단: 뒷고리 이랑뜨기로 짧은뜨기 20(20코)

6~8단: 짧은뜨기 20(20코)

실 바꾸기: ○ 하얀색

9단: 짧은뜨기 20(20코)

남겨 놓았던 하늘색 꼬리실과 작업하던 하얀색 실을 묶어 병의 바닥이 안쪽으로 살짝 당겨지도록 한다. (사진 21~23)

10~13단: 짧은뜨기 20(20코)

하늘색 자수실로 물방울 무늬를 수놓는다. (사진 24, 25)

실 바꾸기: ● 하늘색

14~17단: 짧은뜨기 20(20코)

18단: [짧은뜨기 3, 안 보이게 코줄이기 1) × 4(16코)

충전재를 채운다.

19단: [짧은뜨기 2, 안 보이게 코줄이기 1) × 4(12코)

실 바꾸기: ○ 하얀색

20단: 안 보이게 코줄이기 6(6코)

21~22단: 짧은뜨기 6(6코)

실을 끊고 정리한다.

덤벨

덤벨 디스크(2개) 실: ● 검은색

1단: 매직링에 짧은뜨기 6(6코)

2단: 코늘리기 6(12코)

3단: [짧은뜨기 1, 코늘리기 1] × 6(18코)

4단: [짧은뜨기 2, 코늘리기 1] × 6(24코)

5단: [짧은뜨기 3, 코늘리기 1] × 6(30코)

6단: [짧은뜨기 4, 코늘리기 1] × 6(36코)

7단: 뒷고리 이랑뜨기로 짧은뜨기 36(36코)

8단: 뒷고리 이랑뜨기로 [짧은뜨기 4, 안 보이게 코줄이기 1] × 6(30코)

9단: [짧은뜨기 3, 안 보이게 코줄이기 1] × 6(24코)

10단: [짧은뜨기 2, 안 보이게 코줄이기 1] × 6(18코)

11단: [짧은뜨기 1, 안 보이게 코줄이기 1] × 6(12코)

충전재를 가볍게 채운다.

12단: 안 보이게 코줄이기 6(6코)

꼬리실을 남기고 끊는다. 돗바늘에 꼬리실을 꿰어 앞쪽 고리를 통과하여 힘 있게 잡아당겨 조인다. 실을 끊고 정리한다.

덤벨 바 실: ● 회색

꼬리실을 남기고 시작한다.

사슬뜨기 6, 첫코에 빼뜨기하여 원 만들기

1~9단: 짧은뜨기 6(6코)

꼬리실을 남기고 끊는다.

덤벨 바 끝부분(2개) 실: ● 회색

1단: 매직링에 짧은뜨기 6(6코)

2~4단: 짧은뜨기 6(6코)

충전재를 가볍게 채운다. 꼬리실을 남기고 끊는다.

연결하기

• 꼬치 막대기나 교구용 철사를 덤벨 바 안에 넣어 길이에 맞게 자른다. 날카롭지 않게 끝 부분을 사포로 문지른다.(사진 26)

• 덤벨 바와 끝부분을 덤벨 디스크와 연결한다.

의사 세트

여기에 설명한 별도의 의상 부품을 사용하면 휴고, 베카, 던컨, 레이의 수많은 조합을 만들 수 있습니다. 의사 세트는 디자이너의 제안 중 하나입니다. 티셔츠를 입은 기본 인형을 만들고 시작하세요. 인형은 자유롭게 선택하되 민트색 티셔츠를 만들어요.

가운: 기사 세트의 로브와 같은 방법으로 만들어요. (p.91~93) 회색 실은 흰색 실로, 갈색 실은 하늘색 실로 바꾸세요. 벨크로 테이프는 붙이지 마세요. 기사 세트의 겉옷을 반대로 입는 형태입니다.

바지: 여름 세트의 바지와 같은 방법으로 만들어요. (p.119~120) 분홍색 실은 민트색 실로 바꾸세요.

청진기: 수의사 세트의 청진기와 같은 방법으로 만들어요. (p.57~58) 하늘색 실에서 시작하여 13단이 끝나면 하얀색 실로 바꾸세요. 34단이 끝나면 빨간색 실로 바꾸세요. 가슴 부분은 하늘색 실로 만들어요.

주사기: 수의사 세트의 주사기와 플런저와 같은 방법으로 만들어요. (p.58) 파란색 실은 하늘색 실로, 분홍색 실은 빨간색 실로 바꾸세요.

준비물

<실>
- 🔵 하늘색
- ⚪ 하얀색
- 🔴 빨간색
- 🟢 민트색

난이도: ★ **게이지 :** 7코 x 7단(2.5 x 2.5cm)

디자이너는 똑같은 장력으로 작업하기 때문에 인형과 옷을 똑같은 바늘을
사용했어요. 다른 크기를 원한다면 다양한 크기의 코바늘을 이용해도 좋아요.

www.amigurumi.com/3711

사이트에 작품을 올려보세요. 다른 작품을
통해 영감을 얻을 수 있어요.

준비물

<실>
하얀색
● 검은색
◐ 노란색(소량)
● 빨간색(소량)

코바늘(2mm)
돗바늘 / 마커 / 가위 / 핀
검은색 재봉실 / 검은색 벨크로 테이프
두꺼운 종이(모자용)

졸업 세트

중요해요!
→ 기본 인형을 만들고 시작하세요. 인형은 자유롭게 선택하세요.

졸업 가운

기본 실: ● 검은색

사슬뜨기 43

1단: 2번째 사슬코에서 시작하여 짧은뜨기 42, 사슬뜨기 1, 뒤집기 (42코)

2단: 짧은뜨기 3, [짧은뜨기 3, 코늘리기1] × 9, 짧은뜨기 3, 사슬뜨기 1, 뒤집기(51코)

3단: 짧은뜨기 51, 사슬뜨기 1, 뒤집기(51코)

4단: 짧은뜨기 3, [짧은뜨기 4, 코늘리기 1] × 9, 짧은뜨기 3, 사슬뜨기 1, 뒤집기(60코)

5단: 짧은뜨기 3, [짧은뜨기 5, 코늘리기 1] × 9, 짧은뜨기 3, 사슬뜨기 1, 뒤집기(69코)

6단: 짧은뜨기 3, [짧은뜨기 6, 코늘리기 1] × 9, 짧은뜨기 3, 사슬뜨기 1, 뒤집기(78코)

7단: 짧은뜨기 3, [짧은뜨기 7, 코늘리기 1] × 9, 짧은뜨기 3, 사슬뜨기 1, 뒤집기(87코)

8단: 짧은뜨기 3, [짧은뜨기 8, 코늘리기 1] × 9, 짧은뜨기 3, 사슬뜨기 1, 뒤집기(96코)(사진 1)

9단: 짧은뜨기 3, [짧은뜨기 9, 코늘리기 1] × 9, 짧은뜨기 3, 사슬뜨기 1, 뒤집기(105코)

10단: 짧은뜨기 10, 24코 건너뛰기(사진 2), 짧은뜨기 37, 24코 건너뛰기, 짧은뜨기 10, 사슬뜨기 1, 뒤집기(57코)(사진 3)

11단: [짧은뜨기 5, 코늘리기 1, 1코에 짧은뜨기 3, 코늘리기 1] × 3, 짧은뜨기 3, 코늘리기 1, 1코에 짧은뜨기 3, 코늘리기 1, 짧은뜨기 3, [코늘리기 1, 1코에 짧은뜨기 3, 코늘리기 1, 짧은뜨기 5] × 3, 사슬뜨기 1, 뒤집기(85코)

12~26단: 짧은뜨기 85, 사슬뜨기 1, 뒤집기(85코)

27단: 짧은뜨기 85(85코)

1

2

3

4

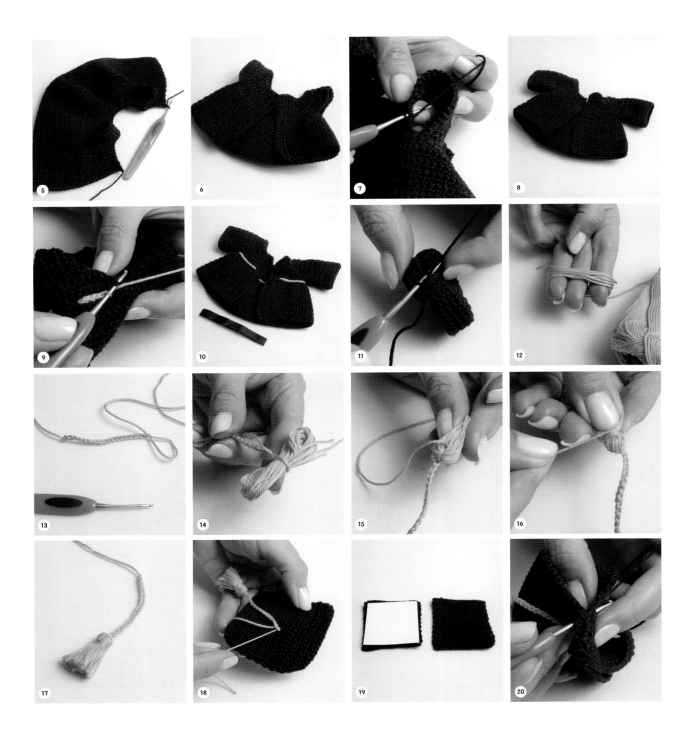

실을 끊지 않는다. 단의 끝에서 시작하여 계속하여 작업한다. (사진 4)

왼쪽 뒷섶 실: ● 검은색
1단: 사슬뜨기 1, 단을 올라가며 짧은뜨기 27, 사슬뜨기 1, 뒤집기 (27코)
2단: 짧은뜨기 27, 사슬뜨기 1, 뒤집기(27코)
3단: 짧은뜨기 27(27코)
실을 끊고 정리한다.

오른쪽 뒷섶 실: ● 검은색
옷의 겉쪽이 보이게 두고 작업한다. 왼쪽 맨 윗줄 끝의 코에서 시작한다. (사진 5)
1단: 짧은뜨기 27, 사슬뜨기 1, 뒤집기(27코)
2단: 짧은뜨기 27, 사슬뜨기 1, 뒤집기(27코)
3단: 짧은뜨기 27(27코)
실을 끊고 정리한다. (사진 6)

소매(2개) 실: ● 검은색
옷의 겉쪽이 나오게 두고 작업한다. 10단에서 1코를 건너뛰고 시작한다. (사진 7)
11단: 코늘리기 1, 짧은뜨기 11, 코늘리기 1, 짧은뜨기 10, 코늘리기 1, 빼뜨기, 사슬뜨기 1, 뒤집기(27코)
12~19단: 빼뜨기한 코에서 시작하여 짧은뜨기 27, 빼뜨기, 사슬뜨기 1, 뒤집기(27코)
20단: 빼뜨기한 코에서 시작하여 짧은뜨기 27, 빼뜨기(27코)
실을 끊고 정리한다. (사진 8) 노란색 실로 10단과 11단 사이에 빼뜨기하여 수놓는다. (사진 9) 벨크로 테이프를 붙인다. (사진 10)

사각모

기본 실: ● 검은색
1단: 매직링에 짧은뜨기 8(8코)
2단: 코늘리기 8(16코)
3단: [짧은뜨기 1, 코늘리기 1] × 8(24코)
4단: [짧은뜨기 2, 코늘리기 1] × 8(32코)
5단: [짧은뜨기 3, 코늘리기 1] × 8(40코)

6단: 뒷고리 이랑뜨기로 짧은뜨기 40(40코)
7~8단: 짧은뜨기 40(40코)
꼬리실을 남기고 끊는다. 6단 앞고리로 실을 통과시켜 잡아당긴다. (사진 11)
9단: 앞고리 이랑뜨기로 짧은뜨기 40(40코)
10단: 짧은뜨기 40(40코)
실을 끊고 정리한다.

모자 윗부분(2개) 실: ● 검은색
사슬뜨기 20
1단: 2번째 코에서 시작하여 짧은뜨기 19, 사슬뜨기 1, 뒤집기(19코)
2~18단: 짧은뜨기 19, 사슬뜨기 1, 뒤집기(19코)
19단: 짧은뜨기 19(19코)
실을 끊고 정리한다.

태슬 실: ● 노란색
실을 3개의 손가락에 여러 번 감고 잘라 놓는다. (사진 12) 사슬 18코를 뜨고 마지막 고리는 잡아당겨 크게 만든다. (사진 13) 감아놓은 실 뭉치를 고리의 가운데에 놓고 고리를 잡아당겨 조인다. (사진 14) 실 뭉치를 반으로 접고(사진 15), 꼬리실로 중심을 여러 번 감는다. (사진 16) 매듭을 만들고 실 뭉치 중심으로 통과시킨 후, 적당한 길이로 태슬을 자른다. (사진 17) 태슬을 모자 윗부분 중앙에 바느질하여 고정한다. (사진 18)

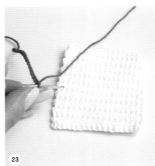

모자 윗부분 모양대로 두꺼운 종이를 자른다.(사진 19)
검은색 꼬리실을 모서리로 통과하여 다음 단에서 연결한다.(사진 20)
20단: 모서리 코에서 시작하여 짧은뜨기 18, 코늘리기 1, 짧은뜨기 18, 코늘리기 1, 짧은뜨기 18, 두꺼운 종이 넣기(사진 21), 코늘리기 1, 짧은뜨기 18, 코늘리기 1(80코)
실을 끊고 정리한다. 원통 부분에 가볍게 충전재를 채우고 8단부터 모자 윗부분 가운데까지 바느질하여 연결한다.(사진 22) 길게 두 줄의 끈을 만들어 머리 뒤에서 묶어 마무리한다.

졸업장 실: ○ 하얀색

사슬뜨기 18

1단: 2번째 사슬코에서 시작하여 짧은뜨기 17, 사슬뜨기 1, 뒤집기 (17코)
2~19단: 짧은뜨기 17, 사슬뜨기 1, 뒤집기(17코)
20단: 짧은뜨기 17(17코)
실을 끊고 정리한다.
빨간색 실로 사슬뜨기 18(사진 23). 졸업장을 돌돌 말아 끈으로 묶는다. 15번째 코에 빼뜨기(사진 24). 실을 끊고 정리한다.

준비물

<실>

○ 하얀색

◉ 크림색

○ 노란색(소량)

하얀색 단추(1.5cm)

www.amigurumi.com/3712
사이트에 작품을 올려보세요. 다른 작품을
통해 영감을 얻을 수 있어요.

천사 세트

여기에 설명한 별도의 의상 부품을 사용하면 휴고, 베카, 던컨, 레이의 수많은 조합을 만들 수 있습니다. 천사 세트는 디자이너의 제안 중 하나입니다. 기본 인형을 만들고 시작하세요. 인형은 자유롭게 선택하세요.

드레스: 졸업식 세트의 가운과 같은 방법으로 만들어요.(p.85~87) 검은색 실을 하얀색 실로 바꾸세요. 드레스의 날개에 하얀색 단추를 달아요.

날개: 큐피드 세트의 날개와 같은 방법으로 만들어요.(p.67~68)

난이도: ✱✱✱ 게이지 : 7코 x 7단(2.5 x 2.5cm)

디자이너는 똑같은 장력으로 작업하기 때문에 인형과 옷을 똑같은 바늘을 사용했어요. 다른 크기를 원한다면 다양한 크기의 코바늘을 이용해도 좋아요.

www.amigurumi.com/3713

사이트에 작품을 올려보세요. 다른 작품을 통해 영감을 얻을 수 있어요.

준비물

＜실＞
- 연회색
- 하얀색
- 빨간색
- 검은색(소량)
- 갈색(소량)
- 진회색(소량)

코바늘(2mm)
돗바늘 / 마커 / 가위 / 핀
하얀색 재봉실 / 하얀색 벨크로 테이프
두꺼운 종이(방패용) / 회색 단추(1cm) / 충전재

기사 세트

중요해요!
→ 기본 인형을 만들고 시작하세요. 인형은 자유롭게 선택하세요.

로브

기본 실: ○ 하얀색 ● 연회색
사슬뜨기 57. 하얀색 실과 연회색 실을 번갈아서 사용한다.

1단: ○ 2번째 코에서 시작하여 짧은뜨기 8, ● 사슬뜨기 2, 짧은뜨기 12, ○ 사슬뜨기 2, 짧은뜨기 16, ● 사슬뜨기 2, 짧은뜨기 12, ○ 사슬뜨기 2, 짧은뜨기 8, 사슬뜨기 1, 뒤집기(56코+ 8코)

2단: ● 짧은뜨기 8, 사슬코에 코늘리기 1, ● 같은 사슬코에 짧은뜨기 1, 짧은뜨기 12, 사슬코에 짧은뜨기, ○ 같은 사슬코에 코늘리기 1, 짧은뜨기 16, 같은 사슬코에 코늘리기 1, ● 같은 사슬코에 짧은뜨기 1, 짧은뜨기 12, 사슬코에 짧은뜨기 1, ○ 같은 사슬코에 코늘리기 1, 짧은뜨기 8, 사슬뜨기 1, 뒤집기(68코)

3단: ○ 짧은뜨기 10, ● 짧은뜨기 14, ○ 짧은뜨기 20, ● 짧은뜨기 14, ○ 짧은뜨기 10, 사슬뜨기 1, 뒤집기(68코)

4단: ○ 짧은뜨기 9, 코늘리기 1, ● 같은 코에 짧은뜨기 1, 짧은뜨기 14, 짧은뜨기 1, ○ 같은 코에 코늘리기 1, 짧은뜨기 18, 코늘리기 1, ● 같은 코에 짧은뜨기 1, 짧은뜨기 14, 짧은뜨기 1, ○ 같은 코에 코늘리기 1, 짧은뜨기 9, 사슬뜨기 1, 뒤집기(76코)

5단: ○ 짧은뜨기 11, ● 짧은뜨기 16, ○ 짧은뜨기 22, ● 짧은뜨기 16, ○ 짧은뜨기 11, 사슬뜨기 1, 뒤집기(76코)

6단: ○ 짧은뜨기 10, 코늘리기 1, ● 같은 코에 짧은뜨기 1, 짧은뜨기 16, 짧은뜨기 1, ○ 같은 코에 코늘리기 1, 짧은뜨기 20, 코늘리기 1 ● 같은 코에 짧은뜨기 1, 짧은뜨기 16, 짧은뜨기 1, ○ 같은 코에 코늘리기 1, 짧은뜨기 10, 사슬뜨기 1, 뒤집기(84코)

7단: ○ 짧은뜨기 11, ● 짧은뜨기 20, ○ 짧은뜨기 22, ● 짧은뜨기 20, ○ 짧은뜨기 22, ● 짧은뜨기 20, ○ 짧은뜨기 11, 사슬뜨기 1, 뒤집기(84코) (사진 1)

8단: 짧은뜨기 11, 사슬뜨기 7, 20코 건너뛰기 (사진 2), 짧은뜨기 22, 사슬뜨기 7, 20코 건너뛰기, 짧은뜨기 11, 사슬뜨기 1, 뒤집기(44코 +사슬 14코)

9단: 사슬코와 8단에 작업한다. 짧은뜨기 58, 사슬뜨기 1, 뒤집기 (58코)

10단: 짧은뜨기 10, 코늘리기 1, 짧은뜨기 36, 코늘리기 1, 짧은뜨기 10, 사슬뜨기 1, 뒤집기(60코)

11단: 짧은뜨기 60, 사슬뜨기 1, 뒤집기(60코)

12단: [짧은뜨기 9, 코늘리기1] × 5, 짧은뜨기 8, 코늘리기 1, 짧은뜨기 1, 사슬뜨기 1, 뒤집기(66코)

13단: 짧은뜨기 66, 사슬뜨기 1, 뒤집기(66코)

14단: 짧은뜨기 2, 코늘리기 1, 짧은뜨기 8, [코늘리기 1, 짧은뜨기 10] × 5, 사슬뜨기 1, 뒤집기(72코)

15단: 짧은뜨기 72, 사슬뜨기 1, 뒤집기(72코)

16단: 짧은뜨기 2, 코늘리기 1, 짧은뜨기 9, [코늘리기 1, 짧은뜨기 11] × 5, 사슬뜨기 1, 뒤집기(78코)

17~23단: 짧은뜨기 78, 사슬뜨기 1, 뒤집기(78코)

24단: 짧은뜨기 78(78코)

실을 끊지 않는다. 단의 끝에서 시작하여 계속하여 작업한다. (사진 3)

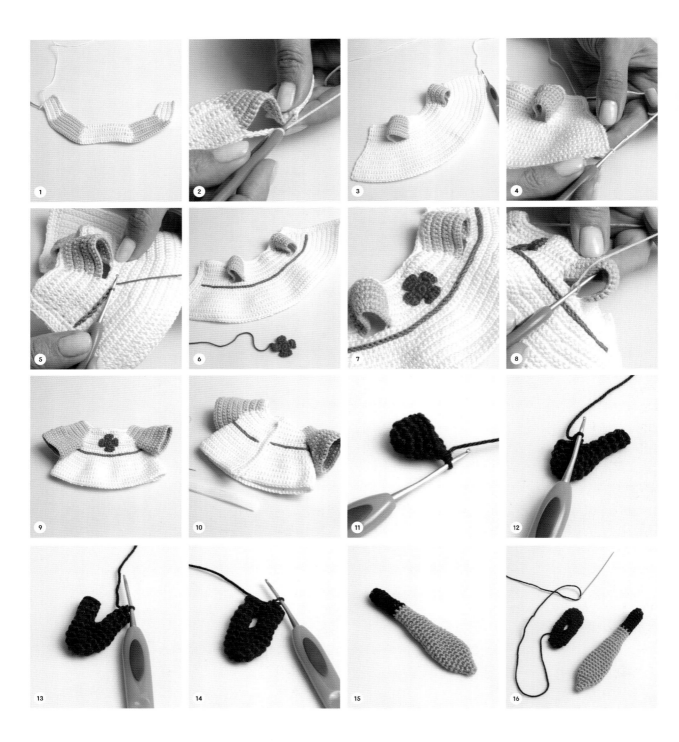

오른쪽 뒷섶 실: ○ 하얀색

1단: 짧은뜨기 23, 코늘리기 1, [짧은뜨기 5, 안 보이게 코줄이기1] × 8, 코늘리기 1, 짧은뜨기 23, 사슬뜨기 1, 뒤집기(98코)

2단: 짧은뜨기 24, 사슬뜨기 1, 뒤집기(24코)

3단: 짧은뜨기 24(24코)

실을 끊고 정리한다.

왼쪽 뒷섶 실: ○ 하얀색

옷의 겉쪽이 보이게 두고 작업한다. 옷의 오른쪽 맨 아랫줄 끝의 코에서 시작한다.(사진 4)

1단: 짧은뜨기 24, 사슬뜨기 1, 뒤집기(24코)

2단: 짧은뜨기 24(24코)

실을 끊고 정리한다.

줄무늬 실: ● 갈색

옷의 11단과 12단 사이를 갈색 실로 빼뜨기하여 수놓는다.(사진 5)

십자가 실: ● 빨간색

1단: 매직링에 짧은뜨기 8, 빼뜨기, 사슬뜨기 1(8코)

2단: 짧은뜨기 2, 사슬뜨기 1, 뒤집기(8코) 뜨지 않은 코는 남겨둔다.

3단: 코늘리기 2(4코)

실을 끊고 정리한다. 1단의 남겨둔 코에 2~3단과 같은 방법으로 3번 반복하여 십자가 모양을 만든다. 꼬리실을 남기고 자른다.(사진 6)

옷의 가운데에 십자가를 바느질한다.(사진 7)

소매(2개) 실: ● 연회색

옷의 겉쪽이 보이게 두고 작업한다.(사진 8)

9단: 8단의 4번째 사슬코에서 시작한다. 짧은뜨기 27, 빼뜨기, 사슬뜨기 1, 뒤집기(27코)

10~19단: 빼뜨기한 코에서 시작하여 짧은뜨기 27, 빼뜨기, 사슬뜨기 1, 뒤집기(27코)

20단: 빼뜨기한 코에서 시작하여 짧은뜨기 27, 빼뜨기(27코)

실을 끊고 정리한다. 같은 방법으로 소매를 하나 더 만든다.(사진 9)

벨크로 테이프를 붙인다.(사진 10)

칼

칼날 밑 실: ● 검은색

1단: 매직링에 짧은뜨기 6(6코)

2단: 코늘리기 6(12코)

3~5단: 짧은뜨기 12(12코)(사진 11)

칼은 6코씩 두 부분으로 나누어 작업하고 마지막에 합쳐서 완성한다.

[첫 번째 부분]

6~10단: 짧은뜨기 6(6코)

실을 끊고 정리한다.

[두 번째 부분]

6~10단: 뜨지 않은 5단의 코에서 시작한다.(사진 12) 첫 번째 부분의 패턴대로 작업한다.(사진 13) 실을 끊지 않고 다음 단에서 연결한다.

11단: 두 번째 부분에 짧은뜨기 3, 첫 번째 부분에 짧은뜨기 6, 두 번째 부분에 짧은뜨기 3(12코) (사진 14)

12~14단: 짧은뜨기 12(12코)

15단: 안 보이게 코줄이기 6(6코)

꼬리실을 남기고 끊는다. 돗바늘로 모든 코의 앞쪽 고리를 통과하여 힘 있게 잡아당겨 조인다. 실을 끊고 정리한다.

칼날 실: ● 진회색 ● 검은색

1단: ● 진회색. 매직링에 짧은뜨기 6(6코)

2단: 짧은뜨기 6(6코)

3단: [짧은뜨기 1, 코늘리기 1] × 3(9코)

4단: [짧은뜨기 2, 코늘리기 1] × 3(12코)

5단: [짧은뜨기 3, 코늘리기 1] × 3(15코)

6~13단: 짧은뜨기 15(15코)

14단: [짧은뜨기 3, 안 보이게 코줄이기 1] × 3(12코)

15~19단: 짧은뜨기 12(12코)

20단: [짧은뜨기 2, 안 보이게 코줄이기 1] × 3(9코)

21~24단: 짧은뜨기 9(9코)

실 바꾸기: ● 검은색

25~32단: 짧은뜨기 9(9코)

충전재를 가볍게 채운다. 회색 실 부분에는 채우지 않는다.

33단: [짧은뜨기 1, 안 보이게 코줄이기 1] × 3(6코)

꼬리실을 남기고 끊는다. 돗바늘로 모든 코의 앞쪽 고리를 통과하여

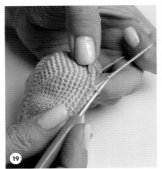
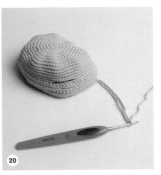

힘 있게 잡아당겨 조인다.(사진 15) 칼날 밑 부분에 넣는다.(사진16, 17)

헬멧

기본 실: ● 연회색
1단: 매직링에 짧은뜨기 8(8코)
2단: 코늘리기 8(16코)
3단: [짧은뜨기 1, 코늘리기 1] × 8(24코)

4단: [짧은뜨기 2, 코늘리기 1] × 8(32코)
5단: [짧은뜨기 3, 코늘리기 1] × 8(40코)
6단: [짧은뜨기 4, 코늘리기 1] × 8(48코)
7단: [짧은뜨기 5 코늘리기 1] × 8(56코)
8단: [짧은뜨기 6, 코늘리기 1] × 8(64코)
9단: [짧은뜨기 7, 코늘리기 1] × 8(72코)
10~14단: 짧은뜨기 72(72코)
15단: 짧은뜨기 20, 사슬뜨기 8(사진18), 8코 건너뛰기, 짧은뜨기 14, 사슬뜨기 8, 8코 건너뛰기, 짧은뜨기 20(54코+사슬 16코)

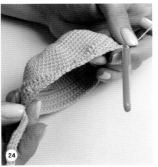

뜨지 않은 코는 남겨두고 뒤집는다.(사진 19)

16단: 사슬코와 15단에 작업한다. 첫코 건너뛰기, 짧은뜨기 68, 사슬뜨기 1, 뒤집기(68코)

17단: 첫코 건너뛰기, 빼뜨기 3, 짧은뜨기 60, 빼뜨기, 사슬뜨기 1, 뒤집기(64코)

18단: 첫코 건너뛰기, 빼뜨기 3, 짧은뜨기 56, 빼뜨기, 사슬뜨기 1, 뒤집기(60코)

19단: 첫코 건너뛰기, 빼뜨기 3, 짧은뜨기 52, 빼뜨기, 사슬뜨기 1, 뒤집기(56코)

20단: 첫코 건너뛰기, 빼뜨기 3, 짧은뜨기 48, 빼뜨기, 사슬뜨기 1, 뒤집기(52코)

21단: 첫코 건너뛰기, 빼뜨기 3, 짧은뜨기 44, 빼뜨기, 뒤집기(48코)

22단: 사슬뜨기 21(사진 20), 6번째 사슬코에서 시작하여 단춧구멍 만들기, 짧은뜨기 15(사진 21), 짧은뜨기 44(사진 22), 사슬뜨기 16, 2번째 사슬코에서 시작하여 짧은뜨기 15(사진 23), 가장자리를 따라 짧은뜨기 6, 짧은뜨기 16, 가장자리를 따라 짧은뜨기 6(102코)(사진 24)

실을 끊고 정리한다. 헬멧 2번째 끈에 회색 단추를 바느질한다.

바이저 실: ◉ 연회색 ● 검은색

1단: 매직링에 짧은뜨기 6(6코)

2단: [짧은뜨기 1, 코늘리기 1] × 3(9코)

3~7단: 짧은뜨기 9(9코)

8단: 짧은뜨기 3, 코늘리기 3, 짧은뜨기 3(12코)

9단: 짧은뜨기 12(12코)

10단: 짧은뜨기 4, 코늘리기 3, 짧은뜨기 5(15코)

11단: 짧은뜨기 15(15코)

12단: 짧은뜨기 6, 코늘리기 3, 짧은뜨기 6(18코)

13단: 짧은뜨기 18(18코)

14단: 짧은뜨기 7, 코늘리기 3, 짧은뜨기 8(21코)

15단: 짧은뜨기 21(21코)

16단: 짧은뜨기 9, 코늘리기 3, 짧은뜨기 9(24코)

17~23단: 짧은뜨기 24(24코)

24단: 짧은뜨기 10, 코늘리기 4, 짧은뜨기 10(28코)

25단: 짧은뜨기 28(28코)

26단: 짧은뜨기 10, 안 보이게 코줄이기 4, 짧은뜨기 10(24코)

27~34단: 짧은뜨기 24(24코)

35단: 짧은뜨기 9, 안 보이게 코줄이기 3, 짧은뜨기 9(21코)

36단: 짧은뜨기 21(21코)

37단: 짧은뜨기 7, 안 보이게 코줄이기 3, 짧은뜨기 8(18코)

38단: 짧은뜨기 18(18코)

39단: 짧은뜨기 6, 안 보이게 코줄이기 3, 짧은뜨기 6(15코)

40단: 짧은뜨기 15(15코)

41단: 짧은뜨기 4, 안 보이게 코줄이기 3, 짧은뜨기 5(12코)

42단: 짧은뜨기 12(12코)

43단: 짧은뜨기 3, 안 보이게 코줄이기 3, 짧은뜨기 3(9코)

44~47단: 짧은뜨기 9(9코)

48단: [짧은뜨기 1, 안 보이게 코줄이기 1] × 3(6코)

꼬리실을 남기고 끊는다. 충전재는 넣지 않는다. 돗바늘로 모든 코의 앞쪽 고리를 통과하여 힘 있게 잡아당겨 조인다. 실을 끊고 정리한다. (사진 25) 검은색 자수실로 헬멧 앞쪽에 수직으로 수놓는다.(사진 26, 27)

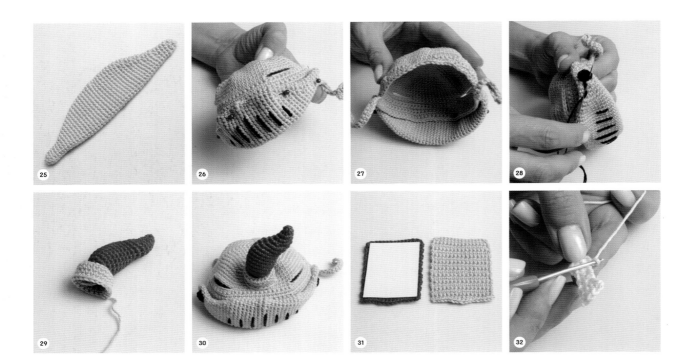

리벳(고정 단추: 2개) 실: ● 검은색

1단: 매직링에 짧은뜨기 6(6코)

꼬리실을 남기고 끊는다. 바이저 옆부분에 바느질한다. (사진 28)

헬멧 플럼(기둥 부분) 실: ● 빨간색

꼬리실을 남기고, 플럼의 바닥에서 시작해서 홀더까지 작업한다.

1단: 매직링에 짧은뜨기 6(6코)

2단: 코늘리기 6(12코)

3단: [짧은뜨기 1, 코늘리기 1] × 6(18코)

4~10단: 짧은뜨기 18(18코)

11~13단: 안 보이게 코줄이기 1, 짧은뜨기 6, 코늘리기 2, 짧은뜨기 6, 안 보이게 코줄이기 1(18코)

14단: 안 보이게 코줄이기 3, 짧은뜨기 6, 안 보이게 코줄이기 3(12코) 충전재를 채운다.

15단: 안 보이게 코줄이기 1, 짧은뜨기 8, 안 보이게 코줄이기 1(10코)

16단: 안 보이게 코줄이기 1, 짧은뜨기 6, 안 보이게 코줄이기 1(8코)

17단: 안 보이게 코줄이기 1, 짧은뜨기 4, 안 보이게 코줄이기 1(6코) 꼬리실을 남기고 끊는다. 돗바늘로 모든 코의 앞쪽 고리를 통과하여

힘 있게 잡아당겨 조인다. 실을 끊고 정리한다.

플럼 홀더 실: ● 연회색

1단: 매직링에 짧은뜨기 8(8코)

2단: [짧은뜨기 1, 코늘리기 1] × 4(12코)

3단: [짧은뜨기 2, 코늘리기 1] × 4(16코)

4단: [짧은뜨기 3, 코늘리기 1] × 4(20코)

5단: 뒷고리 이랑뜨기로 짧은뜨기 20(20코)

6단: 짧은뜨기 20(20코)

꼬리실을 남기고 끊는다. 충전재를 채운다. 시작했던 꼬리실로 8단과 15단 사이에 홀더를 바느질한다. (사진 29, 30)

방패

기본(2개) 실: ● 연회색 ● 빨간색

사슬뜨기 16

1단: 2번째 사슬코에서 시작하여 짧은뜨기 15, 사슬뜨기 1, 뒤집기 (15코)

2~18단: 짧은뜨기 15, 사슬뜨기 1, 뒤집기(15코)

19단: 짧은뜨기 5, 긴뜨기 2, 한길긴뜨기 1, 긴뜨기 2, 짧은뜨기 5 (15코)

실을 끊고 정리한다. 두꺼운 종이를 방패 모양으로 잘라서 넣는다.(사진 31)

방패 십자가   실: ○ 하얀색

부분 1

1단: 매직링에 짧은뜨기 8, 빼뜨기, 사슬뜨기 1(8코)

2~6단: 짧은뜨기 2, 사슬뜨기 1, 뒤집기(2코)

7단: 코늘리기 2, 사슬뜨기 1, 뒤집기(4코)

8단: 짧은뜨기 4(4코)

실을 끊고 정리한다.

부분 2

1단에서 뜨지 않은 부분에 이어서 작업한다.(사진 32)

2~3단: 짧은뜨기 2, 사슬뜨기 1, 뒤집기(2코)

4단: 코늘리기 2, 사슬뜨기 1, 뒤집기(4코)

5단: 짧은뜨기 4(4코)

실을 끊고 정리한다.

부분 3

1단에서 뜨지 않은 부분에 이어서 작업한다.

2~6단: 짧은뜨기 2, 사슬뜨기 1, 뒤집기(2코)

7단: 코늘리기 2, 사슬뜨기 1, 뒤집기(4코)

8단: 짧은뜨기 4(4코)

실을 끊고 정리한다.

부분 4

1단에서 뜨지 않은 부분에 이어서 작업한다.

2~3단: 짧은뜨기 2, 사슬뜨기 1, 뒤집기(2코)

4단: 코늘리기 2, 사슬뜨기 1, 뒤집기(4코)

5단: 짧은뜨기 4(4코)

꼬리실을 남기고 끊는다. 십자가를 방패 옆면에 바느질한다.(사진 33)

방패 마무리 실: ● 연회색

두 조각의 뒷면이 맞닿게 정렬한다. 모서리에서 시작한다.(사진 34)

20단: 짧은뜨기 19, 코늘리기 1, 짧은뜨기 13, 코늘리기 1, 짧은뜨기 19, 두꺼운 종이 넣기(사진 35), 코늘리기 1, 짧은뜨기 13, 코늘리기 1(72코)

실을 끊고 정리한다.

핸들 실: ● 연회색

사슬뜨기 5

1단: 2번째 사슬코에서 시작하여 짧은뜨기 4, 사슬뜨기 1, 뒤집기(4코)

2~19단: 짧은뜨기 4, 사슬뜨기 1, 뒤집기(4코)

20단: 짧은뜨기 4(4코)

꼬리실을 남기고 끊는다. 방패면 5단과 16단 사이에 핸들을 바느질한다.(사진 36)

요정 세트

여기에 설명한 별도의 의상 부품을 사용하면 휴고, 베카, 던컨, 레이의 수많은 조합을 만들 수 있습니다. 요정 세트는 디자이너의 제안 중 하나입니다. 티셔츠를 입은 기본 인형을 만들고 시작하세요. 인형은 자유롭게 선택하세요.

티셔츠 입은 인형: 민트색 실을 연두색으로, 하늘색 실을 연분홍색 실로 바꾸세요. 소매는 만들지 않아요. 분홍색 단추를 뒤쪽 날개 가운데에 바느질하세요.

날개: 큐피드 세트의 날개와 같은 방법으로 만들어요. (p.67~68)

치마: 마녀 세트의 치마와 같은 방법으로 만들어요. (p.139) 주황색 실을 연분홍색 실로, 검은색 실을 분홍색 실로 바꾸세요.

머리 밴드: 여름 세트의 모자 밴드와 같은 방법으로 만들어요. (p.122)

준비물

<실>
- 크림색
- 연분홍색
- 분홍색
- 연두색

분홍색 단추(1.5cm)

www.amigurumi.com/3714
사이트에 작품을 올려보세요. 다른 작품을 통해 영감을 얻을 수 있어요.

난이도: ★★★ 게이지 : 7코 x 7단(2.5 x 2.5cm)

디자이너는 똑같은 장력으로 작업하기 때문에 인형과 옷을 똑같은 바늘을
사용했어요. 다른 크기를 원한다면 다양한 크기의 코바늘을 이용해도 좋아요.

준비물

〈실〉
- 연분홍색
- 연하늘색

코바늘(2mm)
돗바늘 / 마커 / 가위 / 핀
분홍색 재봉실 / 분홍색 단추(1cm) 3개
폼폼(4cm)

잠옷 세트

중요해요!

→ 기본 인형을 만들고 시작하세요. 인형은 자유롭게 선택하세요.

모자 실: ◉ 연분홍색

1단: 매직링에 짧은뜨기 6(6코)

2~8단: 짧은뜨기 6(6코)

9단: [짧은뜨기 1, 코늘리기 1] × 3(9코)

10~16단: 짧은뜨기 9(9코)

17단: [짧은뜨기 2, 코늘리기 1] × 3(12코)

18~21단: 짧은뜨기 12(12코)

22단: [짧은뜨기 3, 코늘리기 1] × 3(15코)

23~25단: 짧은뜨기 15(15코)

26단: [짧은뜨기 4, 코늘리기 1] × 3(18코)

27~28단: 짧은뜨기 18(18코)

29단: [짧은뜨기 2, 코늘리기 1] × 6(24코)

30~32단: 짧은뜨기 24(24코)

33단: [짧은뜨기 3, 코늘리기 1] × 6(30코)

34~36단: 짧은뜨기 30(30코)

37단: [짧은뜨기 4, 코늘리기 1] × 6(36코)

38~45단: 짧은뜨기 36(36코) (사진 1)

모자는 두 부분으로 나누어 작업하고 마지막에 합쳐서 완성한다.

[첫 번째 부분]

46단: [짧은뜨기 5, 코늘리기 1] × 3, 사슬뜨기 1, 뒤집기(21코)

47단: [짧은뜨기 6, 코늘리기 1] × 3, 사슬뜨기 1, 뒤집기(24코)

48단: [짧은뜨기 7, 코늘리기 1] × 3, 사슬뜨기 1, 뒤집기(27코)

49단: [짧은뜨기 8, 코늘리기 1] × 3, 사슬뜨기 1, 뒤집기(30코)

50단: [짧은뜨기 9, 코늘리기 1] × 3, 사슬뜨기 1, 뒤집기(33코)

51단: [짧은뜨기 10, 코늘리기 1] × 3, 사슬뜨기 1, 뒤집기(36코)

52~53단: 짧은뜨기 36, 사슬뜨기 1, 뒤집기(36코)

54단: 짧은뜨기 36(36코)

실을 끊고 정리한다.

[두 번째 부분]

모자의 겉쪽이 보이게 두고 작업한다.

46~54단: 45단에서 뜨지 않은 코에서 시작한다. 첫 번째 부분의 패턴대로 작업한다. (사진 2) 실을 끊지 않고 다음 단으로 연결한다.

55단: 첫 번째 부분에 [짧은뜨기 11, 코늘리기 1] × 3, 두 번째 부분에 [짧은뜨기 11, 코늘리기 1] × 3, 빼뜨기(78코)

56~60단: 짧은뜨기 78(78코)

61단: 크랩 스티치 78(78코)

실을 끊고 정리한다. 폼폼을 모자 끝에 바느질한다. (사진 3)

잠옷

기본 실: ◉ 연분홍색 ◉ 연하늘색

사슬뜨기 57코

1단: ◉ 연분홍색. 2번째 사슬코에서 시작하여 짧은뜨기 8, 사슬뜨기 2, 짧은뜨기 12, 사슬뜨기 2, 짧은뜨기 16, 사슬뜨기 2, 짧은뜨기 12, 사슬뜨기 2, 짧은뜨기 8, 사슬뜨기 1, 뒤집기(56코+사슬 8코)

2단: 짧은뜨기 8, 다음 사슬코에 짧은뜨기 3, 짧은뜨기 12, 다음 사슬코에 짧은뜨기 3, 짧은뜨기 16, 다음 사슬코에 짧은뜨기 3, 짧은뜨기 12, 다음 사슬코에 짧은뜨기 3, 짧은뜨기 8, 사슬뜨기 1, 뒤집기(68코)

실 바꾸기: ◉ 연하늘색

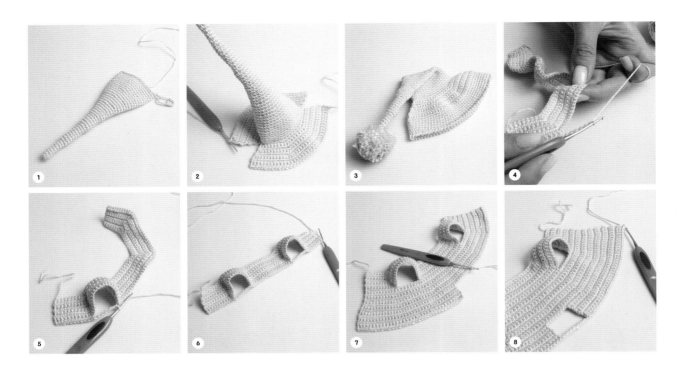

3단: 짧은뜨기 68, , 사슬뜨기 1, 뒤집기(68코)

4단: 짧은뜨기 9, 1코에 짧은뜨기 3, 짧은뜨기 14, 1코에 짧은뜨기 3, 짧은뜨기 18, 1코에 짧은뜨기 3, 짧은뜨기 14, 1코에 짧은뜨기 3, 짧은뜨기 9, 사슬뜨기 1, 뒤집기(76코)

실 바꾸기: ◉ 연분홍색

5단: 짧은뜨기 76, 사슬뜨기 1, 뒤집기(76코)

6단: 짧은뜨기 10, 1코에 짧은뜨기 3, 짧은뜨기 16, 1코에 짧은뜨기 3, 짧은뜨기 20, 1코에 짧은뜨기 3, 짧은뜨기 16, 1코에 짧은뜨기, 짧은뜨기 10, 사슬뜨기 1, 뒤집기(84코)

실 바꾸기: ◉ 연하늘색

7단: 짧은뜨기 84, 사슬뜨기 1, 뒤집기(84코)

8단: 짧은뜨기 11, 사슬뜨기 7, 20코 건너뛰기, 짧은뜨기 22, 사슬뜨기 7, 20코 건너뛰기, 짧은뜨기 11, 사슬뜨기 1, 뒤집기(44코+사슬 14코)(사진4-6)

실 바꾸기: ◉ 연분홍색

9단: 사슬코와 8단에 작업한다. 짧은뜨기 58, 사슬뜨기 1, 뒤집기(58코)

10단: 짧은뜨기 10, 코늘리기 1, 짧은뜨기 36, 코늘리기 1, 짧은뜨기 10, 사슬뜨기 1, 뒤집기(60코)

실 바꾸기: ◉ 연하늘색

11단: 짧은뜨기 60, 사슬뜨기 1, 뒤집기(60코)

12단: [짧은뜨기 9, 코늘리기 1] × 3, [코늘리기 1, 짧은뜨기 9] × 3, 사슬뜨기 1, 뒤집기(66코)

실 바꾸기: ◉ 연분홍색

13단: 짧은뜨기 66, 사슬뜨기 1, 뒤집기(66코)

14단: 짧은뜨기 2, 코늘리기 1, 짧은뜨기 8, [코늘리기 1, 짧은뜨기 10] × 2, [짧은뜨기 10, 코늘리기 1] × 2, 짧은뜨기 8, 코늘리기 1, 짧은뜨기 2, 사슬뜨기1, 뒤집기(72코)

실 바꾸기: ◉ 연하늘색

15단: 짧은뜨기 72, 사슬뜨기 1, 뒤집기(72코)

16단: 짧은뜨기 2, 코늘리기 1, 짧은뜨기 9, [코늘리기 1, 짧은뜨기 11] × 2, [짧은뜨기 11, 코늘리기 1] × 2, 짧은뜨기 9, 코늘리기 1, 짧은뜨기 2, 사슬뜨기 1, 뒤집기(78코)

실 바꾸기: ◉ 연분홍색

17단: 짧은뜨기 78, 사슬뜨기 1, 뒤집기(78코)

옷은 두 부분으로 나누어 작업하고 마지막에 합쳐서 완성한다.

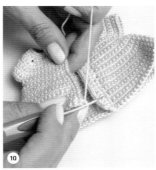

[첫 번째 부분]

18단: 짧은뜨기 35, 사슬뜨기 1, 뒤집기(35코)

실 바꾸기: 연하늘색

19~20단: 짧은뜨기 35, 사슬뜨기 1, 뒤집기(35코)

실 바꾸기: 연분홍색

21단: 짧은뜨기 35, 사슬뜨기 1, 뒤집기(35코)

22단: 짧은뜨기 35(35코)

실을 끊고 정리한다.

[두 번째 부분]

18~22단: 뜨지 않은 17단 9번째 코에서 시작한다.(사진 7) 첫 번째 부분의 패턴대로 작업한다. 실을 끊지 않는다.

실 바꾸기: 연하늘색

사슬뜨기 1, 뒤집기

23단: 두 번째 부분에 짧은뜨기 35, 사슬뜨기 8, 첫 번째 부분에 짧은뜨기 35, 사슬뜨기 1, 뒤집기(70코+사슬 8코)(사진 8)

24단: 사슬코와 23단에 작업한다. 짧은뜨기 78(78코)

실을 끊고 정리한다.

오른쪽 앞섶 실: ▬ 연분홍색

옷의 겉쪽이 보이게 두고 작업한다. 오른쪽 맨 아랫줄 끝의 코에서 시작한다.(사진 9)

1단: 짧은뜨기 23, 코늘리기 1, [짧은뜨기 5, 안 보이게 코줄이기 1] × 8, 짧은뜨기 24, 사슬뜨기 1, 뒤집기(96코)

2단: 짧은뜨기 24, 사슬뜨기 1, 뒤집기(24코)

3단: 짧은뜨기 24(24코)

실을 끊고 정리한다.

왼쪽 앞섶 실: ▬ 연분홍색

옷의 겉쪽이 보이게 두고 작업한다. 왼쪽 아랫줄 끝의 코에서 시작한다.(사진 10)

2단: 짧은뜨기 7, 사슬뜨기 2, 2코 건너뛰기, [짧은뜨기 5, 사슬뜨기 2, 2코 건너뛰기] × 2, 짧은뜨기 1, 사슬뜨기 1, 뒤집기(18코+사슬 6코)

3단: 짧은뜨기 24(24코)

실을 끊고 정리한다.

아랫부분

실: ▬ 연분홍색

양쪽 앞섶을 마주보게 정렬한다.

25단: 오른쪽 앞섶의 가장 아랫단에서 시작한다. 양쪽 앞섶을 동시에 통과하여 짧은뜨기 3(사진 11), 짧은뜨기 78, 빼뜨기, 사슬뜨기 1, 뒤집기(81코)

빼뜨기한 코에서 시작하여 빼뜨기 2. 여기가 마지막 단이다.(사진 12)

다리를 계속 이어서 뜬다.

다리 1

26단: 짧은뜨기 40, 사슬뜨기 2, 빼뜨기, 사슬뜨기 1, 뒤집기(40코+사슬 2코)

실 바꾸기: ▬ 연하늘색

27단: 빼뜨기한 코에서 시작하여 사슬코에 짧은뜨기 2, 짧은뜨기 3, 안 보이게 코줄이기 1, [짧은뜨기 5, 안 보이게 코줄이기 1] × 5, 빼뜨기, 사슬뜨기 1, 뒤집기(36코)

28단: 빼뜨기한 코에서 시작하여 짧은뜨기 36, 빼뜨기(36코)

실을 끊고 정리한다.(사진 13)

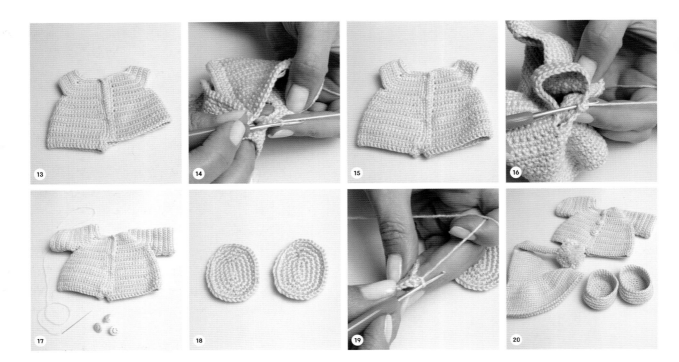

다리 2

26단: 뒤쪽 25단 가운데 코에서 시작한다. 바늘을 안쪽에서 바깥쪽으로 넣는다. (사진 14) 짧은뜨기 42, 빼뜨기, 사슬뜨기 1
실 바꾸기: ○ 연하늘색
뒤집기(42코)
27단: 빼뜨기한 코에서 시작하여 [짧은뜨기 5, 안 보이게 코줄이기 1] × 6, 빼뜨기, 사슬뜨기 1, 뒤집기(36코)
28단: 빼뜨기한 코에서 시작하여 짧은뜨기 36, 빼뜨기(36코)
실을 끊고 정리한다. (사진 15)

소매(2개) 실: ○ 연하늘색

옷의 겉쪽이 나오게 두고 작업한다.
8단: 4번째 코에서 시작한다. (사진 16) 짧은뜨기 27, 빼뜨기
실 바꾸기: ○ 연분홍색, 사슬뜨기 1, 뒤집기(27코)
9단: 빼뜨기한 코에서 시작하여 짧은뜨기 27, 빼뜨기, 사슬뜨기 1, 뒤집기(27코)
10단: 빼뜨기한 코에서 시작하여 짧은뜨기 27, 빼뜨기
실 바꾸기: ○ 연하늘색, 사슬뜨기 1, 뒤집기(27코)

11단: 빼뜨기한 코에서 시작하여 짧은뜨기 27, 빼뜨기, 사슬뜨기 1, 뒤집기(27코)
12단: 빼뜨기한 코에서 시작하여 짧은뜨기 27, 빼뜨기
실 바꾸기: ○ 연분홍색, 사슬뜨기 1, 뒤집기(27코)
13단: 빼뜨기한 코에서 시작하여 짧은뜨기 27, 빼뜨기, 사슬뜨기 1, 뒤집기(27코)
14단: 빼뜨기한 코에서 시작하여 짧은뜨기 27, 빼뜨기
실 바꾸기: ○ 연하늘색, 사슬뜨기 1, 뒤집기(27코)
15단: 빼뜨기한 코에서 시작하여 짧은뜨기 27, 빼뜨기, 사슬뜨기 1, 뒤집기(27코)
16단: 빼뜨기한 코에서 시작하여 짧은뜨기 27, 빼뜨기
실 바꾸기: ○ 연분홍색, 사슬뜨기 1, 뒤집기(27코)
17단: 빼뜨기한 코에서 시작하여 짧은뜨기 27, 빼뜨기, 사슬뜨기 1, 뒤집기(27코)
18단: 빼뜨기한 코에서 시작하여 짧은뜨기 27, 빼뜨기(27코)
실을 끊고 정리한다.
왼쪽 앞섶에 분홍색 단추 3개를 단다. 오른쪽 앞섶의 단춧구멍을 잘 맞춘다. (사진 17)

슬리퍼(2개) 실: ◯ 연하늘색 ◯ 연분홍색

사슬뜨기 4

1단: ◯ 연하늘색. 2번째 고리에서 시작하여 짧은뜨기 4, 1코에 짧은뜨기 3, 기초 사슬코의 반대쪽 고리에 짧은뜨기 3, 코늘리기 1(12코)

2단: 코늘리기 1, 짧은뜨기 3, 코늘리기 3, 짧은뜨기 3, 코늘리기 2(18코)

3단: 짧은뜨기 1, 코늘리기 1, 짧은뜨기 4, [코늘리기 1, 짧은뜨기 1] × 3, 짧은뜨기 3, 코늘리기 1, 짧은뜨기 1, 코늘리기 1(24코)

4단: 짧은뜨기 1, 코늘리기 1, 짧은뜨기 6, 코늘리기 1, 짧은뜨기 1, 코늘리기 2, 짧은뜨기 1, 코늘리기 1, 짧은뜨기 6, 코늘리기 1, 짧은뜨기 1, 코늘리기 2(32코)

5단: 짧은뜨기 1, 코늘리기 1, 짧은뜨기 4, 코늘리기 1, 짧은뜨기 3, [코늘리기 1, 짧은뜨기 1] × 2, [짧은뜨기 1, 코늘리기 1] × 2, 짧은뜨기 4, 코늘리기 1, 짧은뜨기 3, [코늘리기 1, 짧은뜨기 1] × 2, 짧은뜨기 1, 코늘리기 1(42코)

실을 끊고 정리한다.(사진 18)

실 바꾸기: ◯ 연분홍색

6단: 슬리퍼 바닥 뒤쪽 가운데 코에서 시작한다.(사진 19) 뒷고리 이랑뜨기로 짧은뜨기 42(42코)

7단: 짧은뜨기 42(42코)

실 바꾸기: ◯ 연하늘색

8~9단: 짧은뜨기 42(42코)

실 바꾸기: ◯ 연분홍색

10단: 짧은뜨기 12, 안 보이게 코줄이기 4, 짧은뜨기 2, 안 보이게 코줄이기 4, 짧은뜨기 12(34코)

11단: 짧은뜨기 34(34코)

실을 끊고 정리한다.(사진 20)

난이도: **(*) 게이지 : 7코 x 7단(2.5 x 2.5cm)
디자이너는 똑같은 장력으로 작업하기 때문에 인형과 옷을 똑같은 바늘을
사용했어요. 다른 크기를 원한다면 다양한 크기의 코바늘을 이용해도 좋아요.

 www.Amigurumi.com/3716
사이트에 작품을 올려보세요. 다른 작품을
통해 영감을 얻을 수 있어요.

준비물

〈실〉
- ● 갈색
- ◉ 크림색
- ○ 하늘색
- ◉ 민트색
- ◉ 연파란색
- ◉ 분홍색(소량)

코바늘(2mm)
돗바늘 / 마커 / 가위 / 핀
하얀색 재봉실 / 검은색 인형 눈 2개
우드 막대기 단추(2cm) / 막대(15cm)
폼폼(4cm) / 하얀색 벨크로 테이프
충전재

북극 세트

중요해요!

→ 기본 인형을 만들고 시작하세요. 인형은 자유롭게 선택하세요.

코트

기본 실: ● 갈색

사슬뜨기 61

1단: 2번째 코에서 시작하여 짧은뜨기 8, 다음 코에 짧은뜨기 1+사슬뜨기 1+짧은뜨기 1, 짧은뜨기 11, 다음 코에 짧은뜨기 1+사슬뜨기 1+짧은뜨기 1, 짧은뜨기 18, 다음 코에 짧은뜨기 1+사슬뜨기 1+짧은뜨기 1, 짧은뜨기 11, 다음 코에 짧은뜨기 1+사슬 1+짧은뜨기 1, 짧은뜨기 8, 사슬뜨기 1, 뒤집기(64코 +사슬 4코)

2단: 짧은뜨기 9, 다음 코에 짧은뜨기 1+사슬뜨기 1+짧은뜨기 1, 짧은뜨기 13, 다음 코에 짧은뜨기 1+사슬뜨기 1+짧은뜨기 1, 짧은뜨기 20, 다음 코에 짧은뜨기 1+사슬뜨기 1+짧은뜨기 1, 짧은뜨기 13, 다음 코에 짧은뜨기1+사슬뜨기 1+짧은뜨기 1, 짧은뜨기 9, 사슬뜨기 1, 뒤집기(72코+사슬 4코)

3단: 짧은뜨기 10, 다음 코에 짧은뜨기 1+사슬 1+짧은뜨기 1, 짧은뜨기 15, 다음 코에 짧은뜨기 1+사슬뜨기 1+짧은뜨기 1, 짧은뜨기 22, 다음 코에 짧은뜨기 1+사슬뜨기 1+짧은뜨기 1, 짧은뜨기 15, 다음 코에 짧은뜨기 1+사슬뜨기 1+짧은뜨기 1, 짧은뜨기 10, 사슬뜨기 1, 뒤집기(80코+사슬 4코)

4단: 짧은뜨기 11, 다음 코에 짧은뜨기 1+사슬뜨기 1+짧은뜨기 1, 짧은뜨기 17, 다음 코에 짧은뜨기 1+사슬뜨기 1+짧은뜨기 1, 짧은뜨기 24, 다음 코에 짧은뜨기 1+사슬뜨기 1+짧은뜨기 1, 짧은뜨기 17, 다음 코에 짧은뜨기 1+사슬뜨기 1+짧은뜨기 1, 짧은뜨기 11, 사슬뜨기 1, 뒤집기(88코+사슬 4코)

5단: 짧은뜨기 12, 다음 코에 짧은뜨기 1+사슬뜨기 1+짧은뜨기 1, 짧은뜨기 19, 다음 코에 짧은뜨기 1+사슬뜨기 1+짧은뜨기 1, 짧은뜨기 26, 다음 코에 짧은뜨기 1+사슬뜨기 1+짧은뜨기 1, 짧은뜨기 19, 다음 코에 짧은뜨기 1+사슬뜨기 1+짧은뜨기 1, 짧은뜨기 12, 사슬뜨기 1, 뒤집기(96코+사슬 4코)

6단: 짧은뜨기 13, 다음 코에 짧은뜨기 1+사슬뜨기 1+짧은뜨기 1, 짧은뜨기 21, 다음 코에 짧은뜨기 1+사슬뜨기 1+짧은뜨기 1, 짧은뜨기 28, 다음 코에 짧은뜨기 1+사슬뜨기 1+짧은뜨기 1, 짧은뜨기 21, 다음 코에 짧은뜨기 1+사슬뜨기 1+짧은뜨기 1, 짧은뜨기 13, 사슬뜨기 1, 뒤집기(104코+사슬 4코)(사진 1)

7단: 짧은뜨기 14, 24코 건너뛰기, 짧은뜨기 32, 24코 건너뛰기, 짧은뜨기 14, 사슬뜨기 1, 뒤집기(60코)(사진 2)

8단: [짧은뜨기 9, 코늘리기 1] × 6, 사슬뜨기 1, 뒤집기(66코)

9~10단: 짧은뜨기 66, 사슬뜨기 1, 뒤집기(66코)

11단: [짧은뜨기 10, 코늘리기 1] × 6, 사슬뜨기 1, 뒤집기(72코)

12~13단: 짧은뜨기 72, 사슬뜨기 1, 뒤집기(72코)

14단: [짧은뜨기 11, 코늘리기 1] × 6, 사슬뜨기 1, 뒤집기(78코)

15~16단: 짧은뜨기 78, 사슬뜨기 1, 뒤집기(78코)

17단: 짧은뜨기 78(78코)

실을 끊고 정리한다.

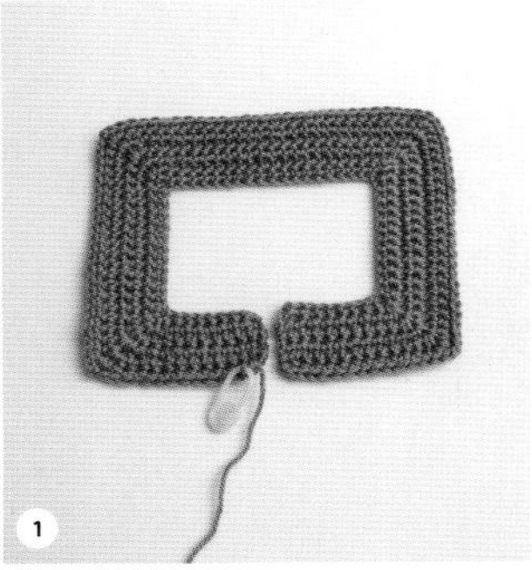
1

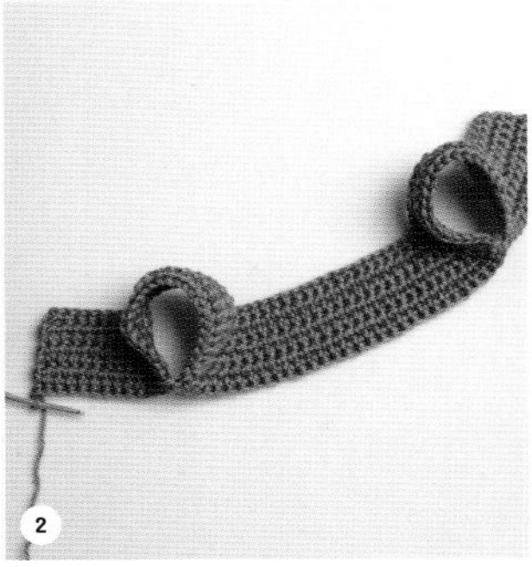
2

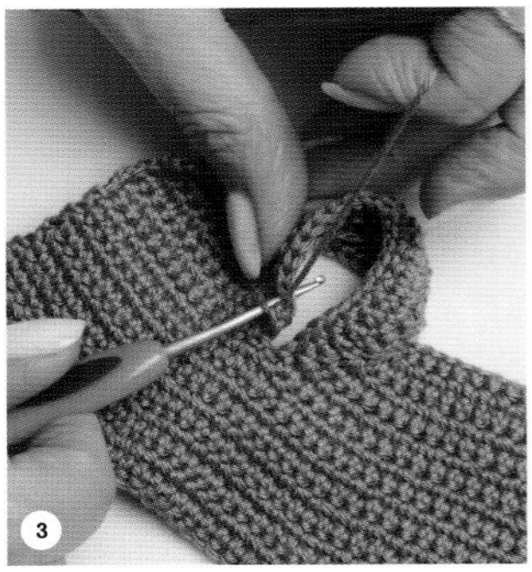
3

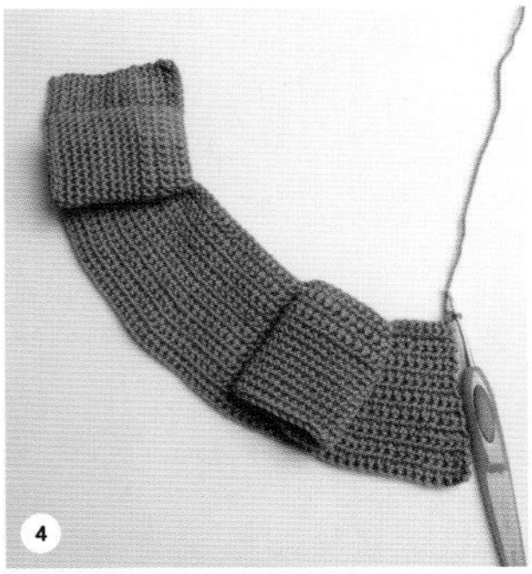
4

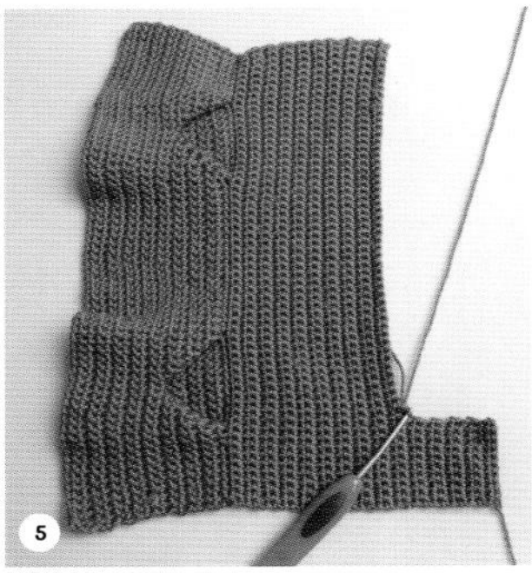
5

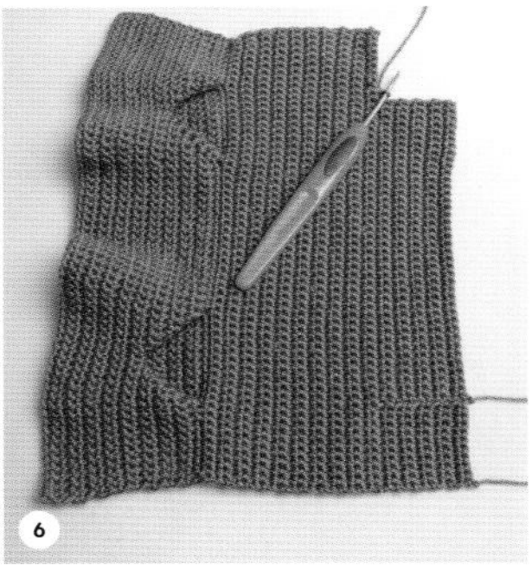
6

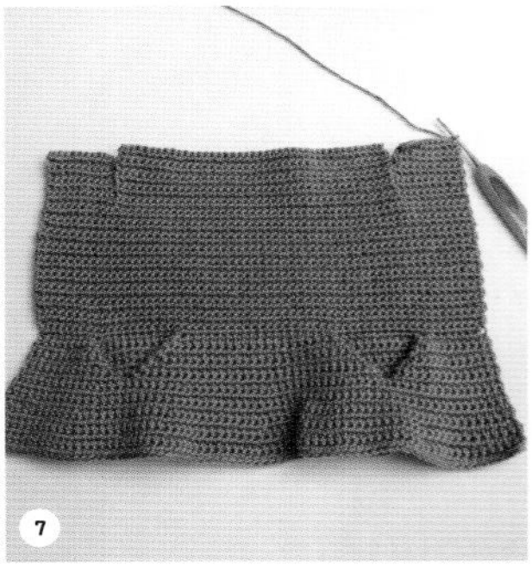
7

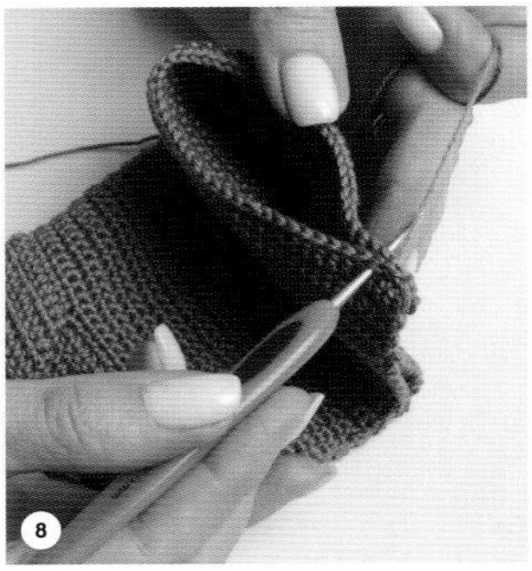
8

소매(2개) 실: ● 갈색

옷의 겉쪽이 보이게 두고 작업한다.

7단: 건너뛴 첫코에서 시작한다.(사진 3) 코늘리기 1, 짧은뜨기 11, 코늘리기 1, 짧은뜨기 10, 코늘리기 1(27코)

8~16단: 짧은뜨기 27(27코)

실을 끊고 정리한다.

후드 실: ● 갈색

옷의 겉쪽이 보이게 두고 작업한다.

1단: 오른쪽 끝 가장 위의 코에서 시작한다.(사진 4) 앞고리 이랑뜨기로 짧은뜨기 60, 사슬뜨기 1, 뒤집기(60코)

2~19단: 짧은뜨기 60, 사슬뜨기 1, 뒤집기(60코)

후드는 세 부분으로 나누어 작업하고 마지막에 합쳐서 완성한다.

[첫 번째 부분]

20~28단: 짧은뜨기 10, 사슬뜨기 1, 뒤집기(10코)

29단: 짧은뜨기 10(10코)

실을 끊고 정리한다.

[두 번째 부분]

옷의 안쪽이 보이게 두고 작업한다.

20~28단: 19단 뜨지 않은 코에서 시작한다.(사진 5) 짧은뜨기 40, 사슬뜨기 1, 뒤집기(40코)

29단: 짧은뜨기 40(40코)

실을 끊고 정리한다.

[세 번째 부분]

옷의 안쪽이 보이게 두고 작업한다.

20~28단: 19단 뜨지 않은 코에서 시작한다.(사진 6) 짧은뜨기 10, 사슬뜨기 1, 뒤집기(10코)

29단: 짧은뜨기 10(10코)

실을 끊고 정리한다. 다음 단에서 세 부분을 연결한다. 옷의 안쪽이 나오게 두고 작업한다.

30단: 첫 번째 부분의 29단 첫코에서 시작한다.(사진 7) 첫 번째 부분에 짧은뜨기 10, 두 번째 부분에 짧은뜨기 40, 세 번째 부분에 짧은뜨기 10, 사슬뜨기 1, 뒤집기(60코)

31~35단: 짧은뜨기 60, 사슬뜨기 1, 뒤집기(10코)

36단: 짧은뜨기 60(60코)

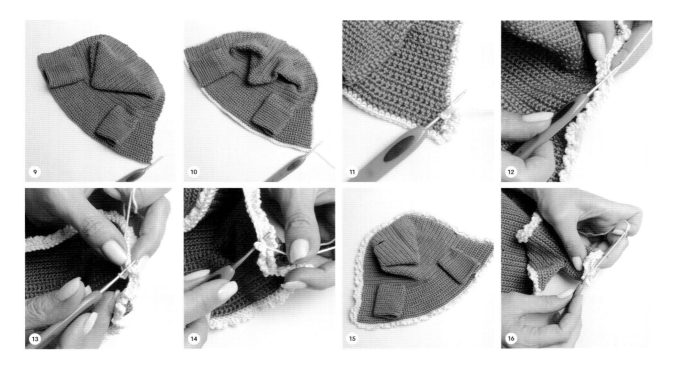

후드를 반으로 접어 양쪽 코를 동시에 통과하여 작업한다.

37단: 빼뜨기 30(30코)(사진 8)

실을 끊고 정리한다.

코트 장식 실: ⬤ 크림색

옷의 겉쪽이 보이게 두고 작업한다. 오른쪽 맨 아랫줄 끝의 코에서 시작한다.(사진 9)

1단: 왼쪽 앞섶 짧은뜨기 17, 후드 짧은뜨기 72, 오른쪽 앞섶 짧은뜨기 72, 아랫부분 짧은뜨기 76, 빼뜨기, 사슬뜨기 1(182코)(사진 10)

2단: 빼뜨기한 코에서 시작하여 앞고리 이랑뜨기로 [빼뜨기, 다음 코에 빼뜨기+사슬 3 피코 스티치] × 91, 빼뜨기, 사슬뜨기 1(182코)(사진 11)

3단: 빼뜨기한 코에서 시작하여 뒷고리 이랑뜨기로 짧은뜨기 106, 사슬뜨기 1, 뒤집기(사진 12), 뜨지 않은 코는 남겨둔다.

4단: 뒷고리 이랑뜨기로 [빼뜨기, 다음 코에 빼뜨기+사슬 3 피코 스티치] × 53(106코)(사진 13, 14)

실을 끊고 정리한다.(사진 15)

코트 소매(2개) 실: ⬤ 크림색

16단의 아무코에서나 시작한다.

1단: 짧은뜨기 27, 빼뜨기, 사슬뜨기 1(27코)

2단: 빼뜨기한 코에서 시작하여 앞고리 이랑뜨기로 [빼뜨기, 다음 코에 빼뜨기+사슬 3 피코 스티치] × 13, 빼뜨기, 사슬뜨기 1(27코)

3단: 빼뜨기한 코에서 시작하여 뒷고리 이랑뜨기로 짧은뜨기 27, 빼뜨기, 사슬뜨기 1(27코)

4단: 빼뜨기한 코에서 시작하여 앞고리 이랑뜨기로 [빼뜨기, 다음 코에 빼뜨기+사슬 3 피코 스티치] × 13, 빼뜨기(27코)(사진 16)

실을 끊고 정리한다.

마무리

- 막대기 단추를 코트 앞면, 3, 9, 15단 위치에 바느질한다.
- 단춧구멍을 만들기 위해서 갈색 실로 사슬 10개씩 3개의 끈을 만들어 고리 모양으로 코트 앞에 바느질한다.(사진 17)
- 퐁퐁(4cm)을 후드 꼭대기에 바느질한다.(사진 18)

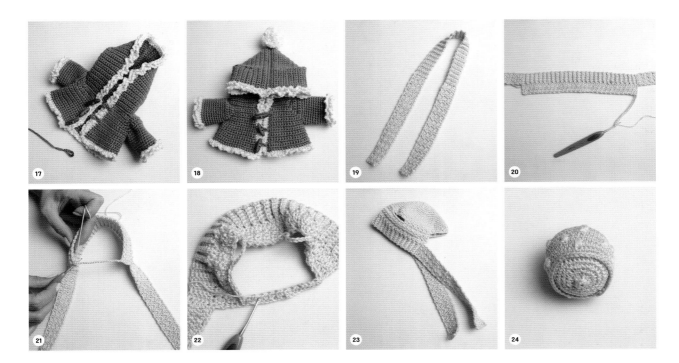

스카프 실: ● 하늘색

사슬뜨기 7

1단: 2번째 사슬코에서 시작하여 [짧은뜨기 1, 한길긴뜨기] × 3, 사슬뜨기 1, 뒤집기(6코)

2~30단: [짧은뜨기 1, 한길긴뜨기 1] × 3, 사슬뜨기 1, 뒤집기(6코)

31~84단: 뒷고리 이랑뜨기로 짧은뜨기 6, 사슬뜨기 1, 뒤집기(6코)

85~114단: [짧은뜨기 1, 한길긴뜨기 1] × 3, 사슬뜨기 1, 뒤집기**115**

단: [짧은뜨기 1, 한길긴뜨기 1] × 3(6코)

실을 끊고 정리한다.(사진 19)

모자 실: ● 민트색

긴쪽 면 31단에서 시작한다.

1단: 짧은뜨기 54, 사슬뜨기 1, 뒤집기(54코)

2~3단: [짧은뜨기 1, 한길긴뜨기 1] × 27, 사슬뜨기 1, 뒤집기(54코)

4단: [짧은뜨기 1, 한길긴뜨기 1] × 27(54코)

사슬 20, 4단에 빼뜨기하여 연결한다.(사진 20, 21)

5단: 사슬코와 4단에 작업한다. 사슬뜨기 1, 빼뜨기한 코에 짧은뜨기

1, 한길긴뜨기 1, [짧은뜨기 1, 한길긴뜨기 1] × 5, 사슬뜨기 8, 8코 건너뛰기, [짧은뜨기 1, 한길긴뜨기 1] × 7, 사슬뜨기 8, 8코 건너뛰기, [짧은뜨기 1, 한길긴뜨기 1] × 6, [짧은뜨기 1, 한길긴뜨기 1] × 10(58코+사슬 16코)(사진 22)

6단은 사슬코와 5단에 작업한다.

6단: [짧은뜨기 1, 한길긴뜨기 1] × 37(74코)

7단: 짧은뜨기 74(74코)

8단: 짧은뜨기 20, 안 보이게 코줄이기 1, 짧은뜨기 36, 안 보이게 코줄이기 1, 짧은뜨기 14(72코)

9단: [짧은뜨기 7, 안 보이게 코줄이기 1] × 8(64코)

10단: 짧은뜨기 64(64코)

11단: [짧은뜨기 6, 안 보이게 코줄이기 1] × 8(56코)

12단: 짧은뜨기 56(56코)

13단: [짧은뜨기 5, 안 보이게 코줄이기 1] × 8(48코)

14단: 짧은뜨기 48(48코)

15단: [짧은뜨기 4, 안 보이게 코줄이기 1] × 8(40코)

16단: 짧은뜨기 40(40코)

17단: [짧은뜨기 3, 안 보이게 코줄이기 1] × 8(32코)

18단: 짧은뜨기 32(32코)

19단: [짧은뜨기 2, 안 보이게 코줄이기 1] × 8(24코)

20단: 짧은뜨기 24(24코)

21단: [짧은뜨기 1, 안 보이게 코줄이기 1] × 8(16코)

22단: 안 보이게 코줄이기 8(8코)

꼬리실을 남기고 끊는다. 돗바늘로 모든 코의 앞쪽 고리를 통과하여 힘 있게 잡아당겨 조인다. 실을 끊고 정리한다. 22단에 폼폼을 바느질한다. 모자 뒤쪽에 스카프를 고정할 수 있도록 벨크로 테이프를 붙인다.(사진 23)

물고기 고든

몸 실: ● 연파란색 ● 민트색

1단: ● 연파란색. 매직링에 짧은뜨기 8(8코)

2단: 코늘리기 8(16코)

3단: [짧은뜨기 1, 코늘리기 1] × 8(24코)

4단: [짧은뜨기 2, 코늘리기 1] × 8(32코)

5단: [짧은뜨기 7, 코늘리기 1] × 4(36코)

6단: [짧은뜨기 8, 코늘리기 1] × 4(40코)

7단: 짧은뜨기 40(40코)

다음 단부터 연파란색과 민트색 실을 번갈아 사용한다.

8단: [● 연파란색 짧은뜨기 7, ● 민트색 퍼프 스티치 1] × 5(40코)

9단: ● 연파란색. 짧은뜨기 40(40코)

10단: 짧은뜨기 4, ● 민트색 퍼프 스티치 1, [● 연파란색 짧은뜨기 7, ● 민트색 퍼프 스티치 1] × 4, ● 연파란색 짧은뜨기 3(40코)

11단: 짧은뜨기 40(40코)

12단: [짧은뜨기 7, ● 민트색 퍼프 스티치 1] × 5(40코)

13단: ● 연파란색. 짧은뜨기 40(40코)

14단: 앞고리 이랑뜨기로 짧은뜨기 40(40코)

실을 끊고 정리한다.

얼굴 실: ● 민트색

14단의 코 하나에 뒷고리를 걸어 시작한다.

15단: 뒷고리 이랑뜨기로 [짧은뜨기 8, 안 보이게 코줄이기 1] × 4(36코)

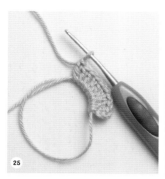   

16단: [짧은뜨기 7, 안 보이게 코줄이기 1] × 4(32코)

17단: [짧은뜨기 2, 안 보이게 코줄이기 1] × 8(24코)

몸과 얼굴에 가볍게 충전재를 채운다.

18단: [짧은뜨기 1, 안 보이게 코줄이기 1] × 8(16코)

19단: 안 보이게 코줄이기 8(8코)

20단: 짧은뜨기 8(8코)

꼬리실을 남기고 끊는다. 입을 만들기 위해서, 19단 코에 꼬리실을 통과시켜 잡아당겨 입을 만든다. 실을 끊고 정리한다.(사진 24)

꼬리 실: ● 연파란색

꼬리실을 남기고 시작한다.

1단: 사슬뜨기 3(기둥코)+매직링에 한길긴뜨기 9(10코)(사진 25, 26)

실 바꾸기: ● 민트색. 뒤집기

2단: 사슬뜨기 3(기둥코)+사슬 3 피코 스티치1, [다음 코에 한길긴뜨기 1+사슬 3 피코 스티치1] × 9(10코+피코 스티치 10개)(사진 27, 28)

실을 끊고 정리한다.

지느러미(2개) 실: ● 민트색

1단: 사슬뜨기 3(기둥코)+매직링에 한길긴뜨기 4(5코)

실을 끊고 정리한다.

마무리하기

• 입의 16단과 17단 사이에 양쪽으로 눈을 바느질한다.

• 분홍색 실로 눈 아래에 수놓는다.

• 몸의 1단과 3단 사이에 꼬리를 바느질한다.

• 얼굴의 양쪽 옆 13단에 지느러미를 바느질한다.

• 30cm 길이의 막대에 크림색 실을 묶어 낚싯대를 만든다.

우비 세트

여기에 설명한 별도의 의상 부품을 사용하면 휴고, 베카, 던컨, 레이의 수많은 조합을 만들 수 있습니다. 우비 세트는 디자이너의 제안 중 하나입니다. 기본 인형을 만들고 시작하세요. 인형은 자유롭게 선택하세요.

모자: 소방관 세트의 헬멧과 같은 방법으로 만들어요.(p.74~75) 빨간색 실은 노란색 실로 바꾸세요. 뱃지는 생략해요.

우비 재킷: 기사 세트의 로브와 같은 방법으로 만들어요.(p.91~93) 하얀색 실은 노란색 실로 바꾸세요. 앞섶에 노란색 벨크로 테이프를 바느질해요. 로브는 기사 세트와 반대 방향으로 입히세요.

오버올: 크리스마스 세트의 오버올과 같은 방법으로 만들어요.(p.50~52) 초록색 실은 회색 실로 바꾸세요. 27단의 실 바꾸기는 하지 않아요. 오버올에 하얀색 자수실로 수놓아요. 오버올 끈에 회색 단추 2개를 바느질해요.

신발: 크리스마스 세트의 신발과 같은 방법으로 만들어요.(p.52) 갈색과 초록색 실을 검은색 실로 바꾸세요. 품품은 생략해요.

준비물

<실>
- ◦ 하얀색
- ◦ 노란색
- ● 회색
- ● 검은색

노란색 벨크로 테이프
회색 단추(1cm) 2개

www.amigurumi.com/3717
사이트에 작품을 올려보세요. 다른 작품을 통해 영감을 얻을 수 있어요.

난이도: * 게이지 : 7코 x 7단(2.5 x 2.5cm)
디자이너는 똑같은 장력으로 작업하기 때문에 인형과 옷을 똑같은 바늘을
사용했어요. 다른 크기를 원한다면 다양한 크기의 코바늘을 이용해도 좋아요.

www.amigurumi.com/3718
사이트에 작품을 올려보세요. 다른 작품을
통해 영감을 얻을 수 있어요.

준비물

<실>

○ 하얀색
● 파란색
◌ 노란색
● 주황색(소량)
● 검은색(소량)

코바늘(2mm)
돗바늘 / 마커 / 가위 / 핀
충전재

세일러 세트

중요해요!

→ 줄무늬 티셔츠를 입은 인형을 만드세요.(p.41~42)

스카프 실: ○ 하얀색

사슬뜨기 65
1단: 2번째 사슬코에서 시작하여 짧은뜨기 64, 사슬뜨기 1, 뒤집기 (64코)
2단: 첫코 건너뛰기, 빼뜨기 3, 짧은뜨기 56, 빼뜨기, 사슬뜨기 1, 뒤집기(60코), 뜨지 않은 코는 남겨둔다.
3단: 첫코 건너뛰기, 빼뜨기 3, 짧은뜨기 48, 빼뜨기, 사슬뜨기 1, 뒤집기(52코), 뜨지 않은 코는 남겨둔다.
4단: 첫코 건너뛰기, 빼뜨기 3, 짧은뜨기 40, 빼뜨기, 사슬뜨기 1, 뒤집기(44코), 뜨지 않은 코는 남겨둔다.
5단: 첫코 건너뛰기, 빼뜨기 3, 짧은뜨기 32, 빼뜨기, 사슬뜨기 1, 뒤집기(60코), 뜨지 않은 코는 남겨둔다.

6단: 크랩 스티치 110코. 스카프 전체를 둘러 뜬다.(110코)
실을 끊고 정리한다.

스카프 매듭 실: ○ 하얀색

사슬뜨기 10, 빼뜨기하여 원을 만든다.
1~4단: 짧은뜨기 10(10코)
실을 끊고 정리한다.(사진 1) 스카프를 인형의 몸에 두르고 매듭을 끼워 고정한다.

세일러 모자

기본 실: ○ 하얀색

1단: 매직링에 짧은뜨기 8(8코)
2단: 코늘리기 8(16코)
3단: [짧은뜨기 1, 코늘리기 1] × 8(24코)
4단: [짧은뜨기 2, 코늘리기 1] × 8(32코)
5단: [짧은뜨기 3, 코늘리기 1] × 8(40코)
6~10단: 짧은뜨기 40(40코)
11단: 뒷고리 이랑뜨기로 짧은뜨기 40(40코)
12단: [짧은뜨기 3, 안 보이게 코줄이기 1] × 8(32코)
13단: [짧은뜨기 2, 안 보이게 코줄이기 1] × 8(24코)
14단: [짧은뜨기 1, 안 보이게 코줄이기 1] × 8(16코)
충전재를 가볍게 채운다.
15단: 안 보이게 코줄이기 8(8코)
꼬리실을 남기고 끊는다. 돗바늘로 모든 코의 앞쪽 고리를 통과하여 힘 있게 잡아당겨 조인다. 실을 끊고 정리한다.

챙 실: ○ 하얀색 ● 파란색

○ 하얀색. 11단의 아무코에서나 시작한다.(사진 2)
1단: 앞고리 이랑뜨기로 짧은뜨기 40, 빼뜨기(40코)
2단: 빼뜨기한 코에서 시작하여 짧은뜨기 40, 빼뜨기, 뒤집기(40코)
아랫단 쪽이 보이게 잡고 작업한다.
3단: 빼뜨기한 코에서 시작하여 뒷고리 이랑뜨기로 짧은뜨기 40(사진 3), 빼뜨기(40코)
4단: 빼뜨기한 코에서 시작하여 [짧은뜨기 4, 코늘리기 1] × 8, 빼뜨기(48코)

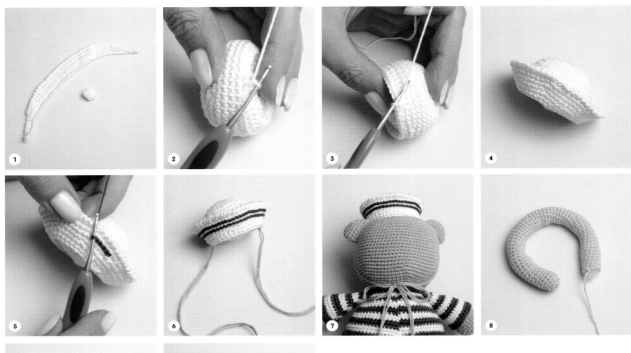

모자 양쪽 3단 앞고리에 기본 인형과 같은 색 실로 길게 2줄의 모자 끈을 바느질한다. (사진 6) 머리 뒤에서 묶는다. (사진 7)

오리인형

머리 실: ● 노란색

1단: 매직링에 짧은뜨기 6(6코)

2단: 코늘리기 6(12코)

3단: [짧은뜨기 1, 코늘리기 1] × 6(18코)

4단: [짧은뜨기 2, 코늘리기 1] × 6(24코)

5단: [짧은뜨기 3, 코늘리기 1] × 6(30코)

6~11단: 짧은뜨기 30(30코)

12단: [짧은뜨기 3, 안 보이게 코줄이기 1] × 6(24코)

13단: [짧은뜨기 2, 안 보이게 코줄이기 1] × 6(18코)

14단: [짧은뜨기 1, 안 보이게 코줄이기 1] × 6(12코)

충전재를 채운다.

15단: 안 보이게 코줄이기 6(6코)

5단: 빼뜨기한 코에서 시작하여 짧은뜨기 48, 빼뜨기(48코)

6단: 빼뜨기한 코에서 시작하여 [짧은뜨기 5, 코늘리기 1] × 8, 빼뜨기(56코)

7단: 빼뜨기한 코에서 시작하여 짧은뜨기 56, 빼뜨기(56코)

8단: 빼뜨기한 코에서 시작하여 크랩 스티치 56, 빼뜨기(56코)

실을 끊고 정리한다. (사진 4)

5단과 6단, 6단과 7단 사이에 파란색 실로 빼뜨기하여 수놓는다.

(사진 5)

꼬리실을 남기고 끊는다. 돗바늘로 모든 코의 앞쪽 고리를 통과하여 힘 있게 잡아당겨 조인다. 꼬리실을 남기고 끊는다.

몸 실: ● 노란색

충전재를 채워가면서 뜬다.
1단: 매직링에 짧은뜨기 6(6코)
2단: 코늘리기 6(12코)
3~60단: 짧은뜨기 12(12코)
꼬리실을 남기고 끊는다.(사진 8)

부리 실: ● 주황색

사슬뜨기 4

1단: 2번째 사슬코에서 시작하여 코늘리기1, 짧은뜨기 1, 1코에 짧은뜨기 3, 기초 사슬코의 반대쪽 고리에 짧은뜨기 1, 코늘리기(9코)
2단: 코늘리기 1, 짧은뜨기 3, 코늘리기 1, 짧은뜨기 4(11코)
3단: 짧은뜨기 11(11코)
꼬리실을 남기고 끊는다.

마무리하기

• 머리의 8단에 6땀 간격으로 검은색 실 눈을 수놓는다.
• 머리의 10단, 눈 사이에 부리를 바느질한다.(사진 9)
• 오리의 몸 윗부분에 머리를 바느질한다.(사진 10)

난이도: ✱✱(✱) 게이지 : 7코 x 7단(2.5 x 2.5cm)

디자이너는 똑같은 장력으로 작업하기 때문에 인형과 옷을 똑같은 바늘을
사용했어요. 다른 크기를 원한다면 다양한 크기의 코바늘을 이용해도 좋아요.

준비물

<실>

- 🔴 분홍색
- ⚫ 회갈색
- 🔵 연두색(소량)
- 🟡 크림색(소량)
- 🔘 연분홍색(소량)

코바늘(2mm) / 돗바늘 / 마커 / 가위
핀 / 분홍색 자수실 / 분홍색 단추 3개(1cm)

여름 세트

중요해요!

→ 옷을 입지 않은 인형을 만드세요.(p.40)

튜브탑 실: 🔴 분홍색

사슬뜨기 6

1단: 2번째 사슬코에서 시작하여 짧은뜨기 5, 사슬뜨기 1, 뒤집기(5코)

2~49단: 뒷고리 이랑뜨기로 짧은뜨기 5, 사슬뜨기 1, 뒤집기(5코)

50단: 뒷고리 이랑뜨기로 짧은뜨기 5(5코)

사슬뜨기 5, 50단의 첫코에 짧은뜨기 1(단춧구멍 만들기)(사진 1)

계속해서 옷의 위쪽 끝단 첫코에서 시작한다.

1단: 짧은뜨기 10, 사슬뜨기 10, 10코 건너뛰기, 짧은뜨기 10, 사슬뜨기 10, 10코 건너뛰기, 짧은뜨기 10, 사슬뜨기 1, 뒤집기(30코+사슬 20코)(사진 2)

2단: 사슬코와 1단에 뒷고리 이랑뜨기로 작업한다. 빼뜨기 4, [짧은뜨기 10, 코늘리기 1] × 4, 사슬뜨기 1, 뒤집기(48코), 뜨지 않은 코는 남겨둔다.

3단: 코늘리기 48(96코)

실을 끊고 정리한다. 뒷면에 분홍색 단추를 바느질한다.(사진 3, 4)

바지 실: 🔴 분홍색

사슬뜨기 16

1단: 2번째 사슬코에서 시작하여 짧은뜨기 4, 한길긴뜨기 9, 짧은뜨기 2, 사슬뜨기 1, 뒤집기(15코)

2단: 뒷고리 이랑뜨기로 작업한다. 짧은뜨기 2, 한길긴뜨기 9, 짧은뜨기 4, 사슬뜨기 1, 뒤집기(15코)

3단: 뒷고리 이랑뜨기로 작업한다. 짧은뜨기 4, 한길긴뜨기 9, 짧은뜨기 2, 사슬뜨기 1, 뒤집기(15코)

4~25단: 2~3단과 같은 방법으로 뜬다.

26단: 뒷고리 이랑뜨기로 작업한다. 짧은뜨기 2, 한길긴뜨기 9, 짧은뜨기 4, 사슬뜨기 1, 뒤집기(15코)

27단: 뒷고리 이랑뜨기로 작업한다. 짧은뜨기 4, 한길긴뜨기 6, 사슬뜨기 6, 5코는 뜨지 않고 뒤집기(10코+사슬 6코)

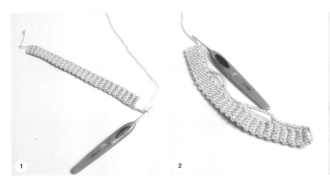

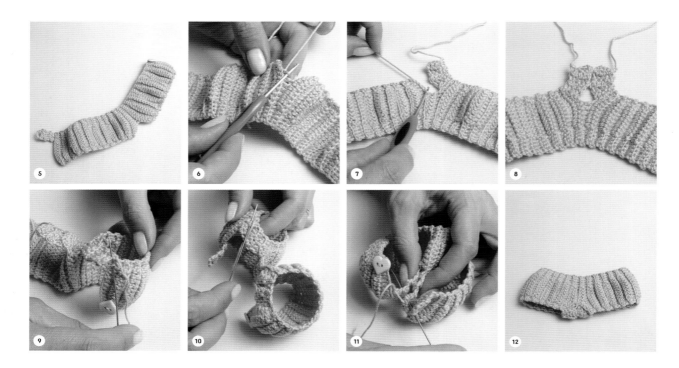

28단: 사슬코와 27단에 뒷고리 이랑뜨기로 작업한다. 2번째 사슬코에서 시작하여 짧은뜨기 2, 사슬코에 한길긴뜨기 3, 한길긴뜨기 6, 짧은뜨기 4, 사슬뜨기 1, 뒤집기(15코)

29단: 뒷고리 이랑뜨기로 작업한다. 짧은뜨기 4, 한길긴뜨기 9, 짧은뜨기 2, 사슬뜨기 1, 뒤집기(15코)

30~52단: 28~29단과 같은 방법으로 뜬다.

53~56단: 짧은뜨기 4, 사슬뜨기 1, 뒤집기(4코)
뜨지 않은 코는 남겨둔다.

57단: 짧은뜨기 4(4코)
사슬뜨기 5, 57단의 첫코에 짧은뜨기 1(단춧구멍 만들기)(사진 5) 실을 끊고 정리한다. 뒤쪽 단춧구멍의 맞은편에 단추를 바느질힌다.

바지 다리 부분 실: ● 분홍색

[첫 번째 부분]

옷의 겉쪽이 보이게 두고 작업한다. 26단의 뜨지 않은 첫코의 뒷고리에서 시작한다.(사진 6)

1단: 뒷고리 이랑뜨기로 작업한다. 사슬뜨기 3(기둥코), 한길긴뜨기 2, 짧은뜨기 2, 사슬뜨기 1, 뒤집기(5코)

2단: 뒷고리 이랑뜨기로 작업한다. 짧은뜨기 2, 한길긴뜨기 3, 사슬뜨기 3(기둥코), 뒤집기(5코)

3단: 뒷고리 이랑뜨기로 작업한다. 한길긴뜨기 2, 짧은뜨기 2, 사슬뜨기 1, 뒤집기(5코)

4단: 2단 반복(5코)

5단: 3단 반복(5코)

6단: 2단 반복(5코)

꼬리실을 남기고 끊는다.

[두 번째 부분]

옷의 안쪽이 보이게 두고 작업한다. 27단의 첫코의 뒷고리에서 시작한다.(사진 7)

1~6단: 첫 번째 부분의 패턴대로 작업한다.

꼬리실을 남기고 끊는다.(사진 8) 첫 번째 부분의 6단과 바지 1단의 5코를 정렬하여 바지 다리 부분이 되도록 연결한다.(사진 9) 두 번째 부분의 6단과 바지 52단의 5코를 정렬하여 바지 다리 부분이 되도록 연결한다.(사진 10) 두 부분의 마지막 단을 맞춰 정렬하고 바짓가랑이 사이를 좁힐 수 있도록 바느질한다.(사진 11) 뒷쪽에 분홍색 단추를 바느질한다.(사진 12, 14)

꽃모자 실: ● 회갈색

1단: 매직링에 짧은뜨기 6(6코)

2단: 짧은뜨기 6(12코)

3단: [짧은뜨기 1, 코늘리기 1] × 6(18코)

4단: [짧은뜨기 2, 코늘리기 1] × 6(24코)

5단: [짧은뜨기 3, 코늘리기 1] × 6(30코)

6단: [짧은뜨기 4, 코늘리기 1] × 6(36코)

7단: [짧은뜨기 5, 코늘리기 1] × 6(42코)

두 부분으로 나누어 작업하고 마지막에 합쳐서 완성한다.

[첫 번째 부분]

8단: [짧은뜨기 6, 코늘리기 1] × 3, 사슬뜨기 1, 뒤집기(24코)

9단: [짧은뜨기 7, 코늘리기 1] × 3, 사슬뜨기 1, 뒤집기(27코)

10단: [짧은뜨기 8, 코늘리기 1] × 3, 사슬뜨기 1, 뒤집기(30코)

11단: [짧은뜨기 9, 코늘리기 1] × 3, 사슬뜨기 1, 뒤집기(33코)

12단: [짧은뜨기 10, 코늘리기 1] × 3, 사슬뜨기 1, 뒤집기(36코)

13~14단: 짧은뜨기 36, 사슬뜨기 1, 뒤집기(36코)

15단: 짧은뜨기 36(36코)

실을 끊고 정리한다.

[두 번째 부분]

옷의 겉쪽이 보이게 두고 작업한다.

8~15단: 뜨지 않은 7단의 첫코에서 시작한다. 첫 번째 부분의 패턴대로 작업한다. 실을 끊지 않는다. 사슬뜨기 1, 뒤집기

다음 단에서 두 부분을 연결한다.(사진 15)

16단: 첫 번째 부분에 짧은뜨기 36, 두 번째 부분에 짧은뜨기 36, 첫 번째 부분 첫코에 빼뜨기(72코)

17~18단: 짧은뜨기 72(72코)

19단: [짧은뜨기 11, 코늘리기 1] × 6(78코)

20단: 앞고리 이랑뜨기로 [짧은뜨기 12, 코늘리기 1] × 6(84코)

21단: 짧은뜨기 6, 코늘리기 1, [짧은뜨기 13, 코늘리기 1] × 5, 짧은뜨기 7(90코)

22단: [짧은뜨기 14, 코늘리기 1] × 6(96코)

23단: 짧은뜨기 4, 코늘리기 1, [짧은뜨기 15, 코늘리기 1] × 5, 짧은뜨기 11(102코)

24단: 짧은뜨기 8, 코늘리기 1, [짧은뜨기 16, 코늘리기 1] × 5, 짧은뜨기 8(108코)

25단: 짧은뜨기 5, 코늘리기 1, [짧은뜨기 17, 코늘리기 1] × 5, 짧은뜨기 12(114코)

26단: 뒷고리 이랑뜨기로 [짧은뜨기 17, 안 보이게 코줄이기 1] × 6(108코)

27단: 짧은뜨기 8, 안 보이게 코줄이기 1, [짧은뜨기 16, 안 보이게 코줄이기 1] × 5, 짧은뜨기 8(102코)

28단: [짧은뜨기 15, 안 보이게 코줄이기 1] × 6(96코)

29단: 짧은뜨기 7, 안 보이게 코줄이기 1, [짧은뜨기 14, 안 보이게 코줄이기 1] × 5, 짧은뜨기 7(90코)

30단: [짧은뜨기 13, 안 보이게 코줄이기 1] × 6(84코)

31단: [짧은뜨기 12, 안 보이게 코줄이기 1] × 6(78코)

꼬리실을 남기고 끊는다. 31단의 코를 20단의 뒷고리에 연결한다.(사진 16) 26단의 앞고리에 꼬리실로 연결한다.(사진 17)

장식

앞고리 이랑뜨기로 짧은뜨기 114(114코)

실을 끊고 정리한다.(사진 18)

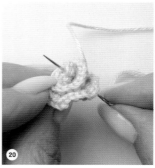

1단: 2번째 사슬코에서 시작하여 빼뜨기 1, 짧은뜨기 1, 긴뜨기 1, 한길긴뜨기 1, 1코에 한길긴뜨기 4, 기초 사슬코의 반대쪽 고리에 한길긴뜨기 1, 긴뜨기 1, 짧은뜨기 1, 빼뜨기(12코)
꼬리실을 남기고 끊는다.

마무리하기

• 꽃을 모자의 가운데 배치하여 바느질한다.
• 꽃 사이사이에 잎을 바느질한다.(사진 22)
• 모자 밴드를 모자에 두르고 꼬리실로 묶는다.

모자 밴드 실: ● 연두색
꼬리실을 남기고 시작한다. 사슬뜨기 41
1단: 2번째 사슬코에서 시작하여 짧은뜨기 40, 사슬뜨기 1, 뒤집기 (40코)
2단: 빼뜨기 40(40코)
꼬리실을 남기고 끊는다. 모자에 두르고 묶는다.

꽃(3개) 실: ● 회갈색 ● 연분홍색 ● 크림색
사슬뜨기 15
1단: 2번째 사슬코에서 시작하여 14코에 짧은뜨기 3개씩(42코)
꼬리실을 남기고 끊는다. 돌돌 말아 시작과 끝부분을 연결하여 고정한다.(사진 19~21)

잎(5개) 실: ● 연두색
사슬뜨기 6

해변 세트

여기에 설명한 별도의 의상 부품을 사용하면 휴고, 베카, 던컨, 레이의 수많은 조합을 만들 수 있습니다. 해변 세트는 디자이너의 제안 중 하나입니다. 옷을 입지 않은 인형을 만들고 시작하세요.(p.40)

모자: 여름 세트의 모자와 같은 방법으로 만들어요.(p.121) 크림색 실은 빨간색 실로 바꾸세요. 연파란색 실로 2줄의 무늬를 수놓아요.

반바지: 피트니트 세트의 반바지와 같은 방법으로 만들어요.(p.77~78) 민트색 실은 연파란색 실로 바꾸세요.

튜브: 세일러 세트의 오리 몸과 같은 방법으로 만들어요.(p.116~117) 주황색 실과 하얀색 실을 번갈아 사용해요. ○ 7~9단, ● 10~21단, ○ 22~24단, ● 25~36단, ○ 37~39단, ● 40~51단, ○ 52~54단, ● 55~60단

준비물

<실>
- ● 빨간색
- ● 연파란색
- ● 주황색
- ○ 하얀색

www.amigurumi.com/3720
사이트에 작품을 올려보세요. 다른 작품을 통해 영감을 얻을 수 있어요.

난이도: ✶✶ 게이지 : 7코 x 7단(2.5 x 2.5cm)
디자이너는 똑같은 장력으로 작업하기 때문에 인형과 옷을 똑같은 바늘을
사용했어요. 다른 크기를 원한다면 다양한 크기의 코바늘을 이용해도 좋아요.

www.amigurumi.com/3721
사이트에 작품을 올려보세요. 다른 작품을
통해 영감을 얻을 수 있어요.

준비물

<실>

- ● 진파란색
- ● 빨간색
- ● 갈색(소량)

코바늘(2mm)
돗바늘 / 마커 / 가위 / 핀
빨간색 자수실
빨간색 단추(1cm) 3개 / 파란색 단추(1cm) 3개
충전재

산책 세트

중요해요!

→ 옷을 입지 않은 인형을 만드세요.(p.40)

드레스   실: ● 진파란색 ● 빨간색

● 진파란색. 사슬뜨기 43

1단: 2번째 코에서 시작하여 짧은뜨기 42, 사슬뜨기 1, 뒤집기 (42코)

2단: 짧은뜨기 3, [짧은뜨기 3, 코늘리기 1] × 9, 짧은뜨기 3, 사슬뜨기 1, 뒤집기(51코)

3단: 짧은뜨기 51, 사슬뜨기 1, 뒤집기(51코)

실 바꾸기: ● 빨간색

4단: 짧은뜨기 3, [짧은뜨기 4, 코늘리기 1] × 9, 짧은뜨기 3, 코늘리기 1, 짧은뜨기 2, 사슬뜨기 1, 뒤집기(61코)

실 바꾸기: ● 진파란색

5단: [짧은뜨기 1, 사슬뜨기 1, 1코 건너뛰기] × 30, 짧은뜨기 1,

사슬뜨기 1, 뒤집기(31코+사슬 30코)

실 바꾸기: ● 빨간색

6단: 4단의 뜨지 않은 코에 작업한다. 짧은뜨기 1, [뜨지 않은 4단에 퍼프 스티치 1(사진 1), 사슬뜨기 1] × 29, 뜨지 않은 4단에 퍼프 스티치 1, 짧은뜨기 1, 사슬뜨기 1, 뒤집기(61코)

실 바꾸기: ● 진파란색

7단: 짧은뜨기 1, 사슬코 4코에 짧은뜨기 3개씩, 사슬뜨기 9, 퍼프 스티치 6코와 사슬 5코 건너뛰기, 사슬 11코에 짧은뜨기 3개씩, 사슬뜨기 9, 퍼프 스티치 6코와 사슬 5코 건너뛰기, 사슬 4코에 짧은뜨기 3개씩, 짧은뜨기 1, 사슬뜨기 1, 뒤집기[59코+사슬 18코](사진 2)

8단: 사슬코와 7단에 작업한다. 짧은뜨기 38, 코늘리기 1, 짧은뜨기 38, 사슬뜨기 1, 뒤집기(78코)

9~19단: 짧은뜨기 78, 사슬뜨기 1, 뒤집기(78코)

20단: 짧은뜨기 78(78코)

옷의 위아래를 뒤집어 잡고 작업한다.

1단: 짧은뜨기 20(20코)

실을 끊고 정리한다.

오른쪽 뒷섶   ● 진파란색

옷의 겉쪽이 보이게 두고 작업한다. 옷의 왼쪽 맨 윗줄 끝의 코에서 시작한다.(사진 3)

1단: 짧은뜨기 20, 사슬뜨기 1, 뒤집기(20코)

2단: [짧은뜨기 3, 사슬뜨기 3, 3코 건너뛰기] × 3, 짧은뜨기 2, 사슬뜨기 1, 뒤집기(11코+사슬 9코)

3단: 사슬코와 2단에 작업한다. 짧은뜨기 20(20코)

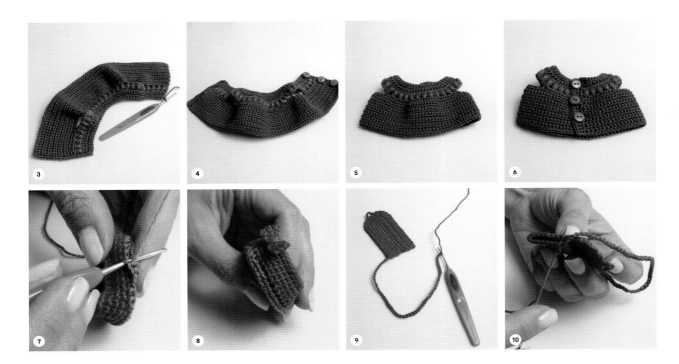

실을 끊고 정리한다. 왼쪽 뒷섶에 오른쪽 뒷섶의 단춧구멍에 맞추어 단추를 바느질한다.(사진 4-6)

신발(2개) 실: ● 갈색 ● 빨간색

● 갈색. 사슬뜨기 6

1단: 2번째 코에서 시작하여 짧은뜨기 4, 1코에 짧은뜨기 3, 기초 사슬코의 반대편 고리에 짧은뜨기 3, 코늘리기 1(12코)

2단: 코늘리기 1, 짧은뜨기 3, 코늘리기 3, 짧은뜨기 3, 코늘리기 3(18코)

3단: 짧은뜨기 1, 코늘리기 1, 짧은뜨기 4, [코늘리기 1, 짧은뜨기 1] × 3, 짧은뜨기 3, 코늘리기 1, 짧은뜨기 1, 코늘리기 1(24코)

4단: 짧은뜨기 1, 코늘리기 1, 짧은뜨기 6, 코늘리기 1, 짧은뜨기 1, 코늘리기 2, 짧은뜨기 1, 코늘리기 1, 짧은뜨기 6, 코늘리기 1, 짧은뜨기 1, 코늘리기 2(32코)

5단: 짧은뜨기 1, 코늘리기 1, 짧은뜨기 4, 코늘리기 1, 짧은뜨기 3, [코늘리기 1, 짧은뜨기 1] × 2, [짧은뜨기 1, 코늘리기 1] × 2, 짧은뜨기 4, 코늘리기 1, 짧은뜨기 3, [코늘리기 1, 짧은뜨기 1] × 2, 짧은

뜨기 1, 코늘리기 1(42코)

6단: 짧은뜨기 42(42코)

실 바꾸기: ● 빨간색

7단: 뒷고리 이랑뜨기로 짧은뜨기 42(42코)

8~9단: 짧은뜨기 9, [앞고리 걸어 짧은뜨기 1, 뒷고리 걸어 짧은뜨기 1] × 8, 짧은뜨기 17(42코)

10단: 짧은뜨기 9, [앞고리 걸어 짧은뜨기 1, 1코 건너뛰기] × 8, 짧은뜨기 17(34코)

11단: 짧은뜨기 9, 앞고리 걸어 짧은뜨기 8, 짧은뜨기 17(34코)

실을 끊고 정리한다. 신발 뒤 가운데 부분 7단에서 실을 잡아뺀다.

장식

앞고리 이랑뜨기로 짧은뜨기 42(사진 7)

실을 끊고 정리한다.

나비넥타이(2개) 실: ● 빨간색

사슬뜨기 8

1단: 2번째 코에서 시작하여 빼뜨기 7, 사슬뜨기 1, 뒤집기(7코)

2~4단: 빼뜨기 7, 사슬뜨기 1, 뒤집기(7코)

5단: 빼뜨기 7(7코)

꼬리실을 남기고 끊는다. 가운데 부분을 실로 돌돌 말아 당겨 조인다. 꼬리실을 남기고 잘라 신발 뒤쪽에 바느질한다.(사진 8)

지갑 실: ● 빨간색

사슬뜨기 19

1단: 2번째 코에서 시작하여 짧은뜨기 17, 1코에 짧은뜨기 3, 기초 사슬코 반대쪽 고리에 짧은뜨기 17, 사슬뜨기 1, 뒤집기(37코)

2단: 짧은뜨기 17, 코늘리기 1, 1코에 짧은뜨기 3, 코늘리기 1, 짧은뜨기 17, 사슬뜨기 1, 뒤집기(41코)

3단: 짧은뜨기 17, 코늘리기 3, 짧은뜨기 1, 코늘리기 3, 짧은뜨기 17, 사슬뜨기 1, 뒤집기(47코)

4단: 짧은뜨기 17, [코늘리기 1, 짧은뜨기 1] × 3, 짧은뜨기 1, [코늘리기 1, 짧은뜨기 1] × 3, 짧은뜨기 17, 사슬뜨기 1, 뒤집기(53코)

5단: 짧은뜨기 17, [사슬뜨기 1, 1코 건너뛰기, 짧은뜨기 1] × 4, 짧은뜨기 1, 다음 코에 짧은뜨기 1+사슬뜨기 5+짧은뜨기 1, 짧은뜨기 1, [짧은뜨기 1, 사슬뜨기 1, 1코 건너뛰기] × 4, 짧은뜨기 17(46코+사슬 13코) 사슬뜨기 60(사진 9), 5단 첫코에 빼뜨기하여 손잡이를 만든다. 꼬리실을 길게 남기고 끊는다. 지갑의 아래쪽 1/3을 위쪽으로 접고 8코씩 정렬하여 연결한다.(사진 10) 단춧구멍에 맞추어 단추를 바느질한다.(사진 11, 12)

난이도: **(*) 게이지 : 7코 x 7단(2.5 x 2.5cm)
디자이너는 똑같은 장력으로 작업하기 때문에 인형과 옷을 똑같은 바늘을
사용했어요. 다른 크기를 원한다면 다양한 크기의 코바늘을 이용해도 좋아요.

www.amigurumi.com/3722
사이트에 작품을 올려보세요. 다른 작품을
통해 영감을 얻을 수 있어요.

준비물

<실>

● 빨간색
　하얀색
○ 노란색
● 민트색
● 진파란색
○ 분홍색(소량)
● 검은색(소량)
● 주황색(소량)

코바늘(2mm) / 빨간색 자수실
돗바늘 / 마커 / 가위 / 핀
검은색 인형 눈 작은 것 2개(눈사람용)
두꺼운 종이(선물 상자용) / 빨간색 단추(1cm) 3개
종(1.5cm) 3개 / 폼폼(민트색, 3cm)
충전재

겨울 세트

중요해요!

→ 티셔츠를 입은 기본 인형을 만들고 시작하세요. 인형은 자유롭게 선택하되 진파란색 티셔츠를 만드세요. 티셔츠에 자수를 놓은 뒤 몸과 머리를 만드는 것이 쉬워요.

티셔츠 자수

눈사람 실: ○ 하얀색 ● 주황색 ● 검은색

○ 하얀색. 원 2개를 만들어 시작한다.

1단: 매직링에 짧은뜨기 6(6코)

2단: 코늘리기 6(12코)

실을 끊고 정리한다. 1, 2단을 한번 더 반복한다. 2번째 원은 실을 끊지 않는다.(사진 1)

3단: 첫 번째 원에 계속한다.(사진 2) [짧은뜨기 1, 코늘리기 1] × 6, 두 번째 원에 빼뜨기(18코)(사진 3, 4)

꼬리실을 남기고 끊는다. 주황색 실로 코를, 검은색 실로 눈을 수놓는다.

눈사람 스카프 실: ● 빨간색

사슬뜨기 16

1단: 2번째 코에서 시작하여 빼뜨기 15(15코)

꼬리실을 남기고 끊는다. 스카프로 눈사람 목에 두르고 바느질한다.(사진 5) 원하는 곳에 원하는 색 실로 장식한다.(사진 6)

재킷

기본 실: ● 빨간색

사슬뜨기 43

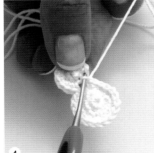

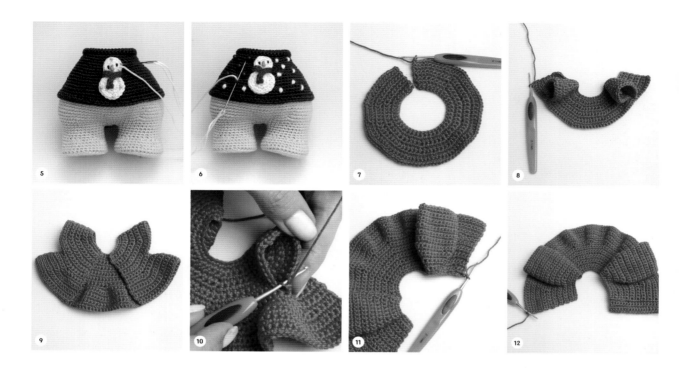

1단: 2번째 코에서 시작하여 짧은뜨기 42, 사슬뜨기 1, 뒤집기(42코)

2단: 짧은뜨기 3, [짧은뜨기 3, 코늘리기 1] × 9, 짧은뜨기 3, 사슬뜨기 1, 뒤집기(51코)

3단: 짧은뜨기 51, 사슬뜨기 1, 뒤집기(51코)

4단: 짧은뜨기3, [짧은뜨기 4, 코늘리기 1] × 9, 짧은뜨기 3, 사슬뜨기 1, 뒤집기(60코)

5단: 짧은뜨기 3, [짧은뜨기 5, 코늘리기 1] × 9, 짧은뜨기 3, 사슬뜨기 1, 뒤집기(69코)

6단: 짧은뜨기 3, [짧은뜨기 6, 코늘리기 1] × 9, 짧은뜨기 3, 사슬뜨기 1, 뒤집기(78코)

7단: 짧은뜨기 3, [짧은뜨기 7, 코늘리기 1] × 9, 짧은뜨기 3, 사슬뜨기 1, 뒤집기(87코)

8단: 짧은뜨기 3, [짧은뜨기 8, 코늘리기 1] × 9, 짧은뜨기 3, 사슬뜨기 1, 뒤집기(96코)

9단: 짧은뜨기 3, [짧은뜨기 9, 코늘리기 1] × 9, 짧은뜨기 3, 사슬뜨기 1, 뒤집기(105코) (사진 7)

10단: 짧은뜨기 10, 24코 건너뛰기, 짧은뜨기 37, 24코 건너뛰기, 짧은뜨기 10, 사슬뜨기 1, 뒤집기(57코) (사진 8)

11단: 짧은뜨기 57, 사슬뜨기 1, 뒤집기(57코)

12단: [짧은뜨기 5, 1코에 짧은뜨기 3] × 4, [짧은뜨기 4, 1코에 짧은뜨기 3] × 2,[짧은뜨기 5, 1코에 짧은뜨기 3] × 3, 짧은뜨기 5, 사슬뜨기 1, 뒤집기(75코)

13단: [짧은뜨기 5, 코늘리기 3] × 4, [짧은뜨기 4, 코늘리기 3] × 2, [짧은뜨기 5, 코늘리기 3] × 3, 짧은뜨기 5, 사슬뜨기 1, 뒤집기(102코)

14~18단: 짧은뜨기 102, 사슬뜨기 1, 뒤집기(102코)

19단: 짧은뜨기 102(102코)

실을 끊고 정리한다.(사진 9)

소매(2개) 실: ● 빨간색

옷의 겉쪽이 보이게 두고 작업한다. 뜨지 않은 10단의 첫코에서 시작한다. 바늘을 안쪽에서 바깥쪽으로 넣는다.(사진 10)

11단: 코늘리기 1, 짧은뜨기 11, 코늘리기 1, 짧은뜨기 10, 코늘리기 1, 빼뜨기, 사슬뜨기 1, 뒤집기(27코)

12~19단: 빼뜨기한 코에서 시작하여 짧은뜨기 27, 빼뜨기, 사슬뜨기 1, 뒤집기(27코)

20단: 빼뜨기한 코에서 시작하여 짧은뜨기 27, 빼뜨기(27코)

실을 끊고 정리한다.

오른쪽 앞섶 실: ● 빨간색

옷의 겉쪽이 보이게 두고 작업한다. 옷의 오른쪽 맨 윗줄의 코에서 시작한다.(사진 11)

1단: 짧은뜨기 20, 사슬뜨기 1, 뒤집기(20코)

3~4단: 짧은뜨기 20, 사슬뜨기 1, 뒤집기(20코)

5단: 짧은뜨기 20(20코)

실을 끊고 정리한다.

왼쪽 앞섶 실: ● 빨간색

옷의 겉쪽이 보이게 두고 작업한다. 옷의 왼쪽 맨 아랫줄의 코에서 시작한다.(사진 12)

1단: 짧은뜨기 20, 사슬뜨기 1, 뒤집기(20코)

2단: 짧은뜨기 20, 사슬뜨기 1, 뒤집기(20코)

3단: [짧은뜨기 3, 사슬뜨기 3, 3코 건너뛰기] × 3, 짧은뜨기 2, 사슬뜨기 1, 뒤집기(11코+사슬 9코)

4단은 사슬코와 3단에 작업한다.

4단: 짧은뜨기 20, 사슬뜨기 1, 뒤집기(20코)

5단: 짧은뜨기 20(20코)

실을 끊고 정리한다.(사진 13)

재킷 나비넥타이 실: ● 빨간색

사슬뜨기 5

1단: 2번째 코에서 시작하여 짧은뜨기 4, 사슬뜨기 1, 뒤집기(4코)

2~16단: 짧은뜨기 4, 사슬뜨기 1, 뒤집기(4코)

17단: 짧은뜨기 4, 사슬뜨기 1, 뒤집기(4코)

짧은 쪽 면을 반으로 접고 원 모양이 되도록 하여 다음 단을 작업한다.

18단: 빼뜨기 4(4코)

꼬리실을 남기고 끊는다. 가운데 부분에 꼬리실을 돌돌 말아 당긴다. 꼬리실을 남기고 잘라 옷의 뒤쪽 가운데에 바느질한다.(사진 14) 단춧구멍의 맞은 편 앞섶에 단추를 단다.(사진 15)

머리밴드 실: ● 빨간색

사슬뜨기 74

1단: 2번째 코에서 시작하여 [빼뜨기, 1코 건너뛰기, 한길긴뜨기 5, 1코 건너뛰기] × 18, 마지막 코에 빼뜨기(사진 16) 기초 사슬코의 반대편 고리에 계속해서(사진 17) [빼뜨기, 1코 건너뛰기, 한길긴뜨기 5, 1코 건너뛰기] × 18, 빼뜨기(182코)

꼬리실을 남기고 끊는다.(사진 18) 밴드의 끝부분을 겹쳐 바느질한다.

머리밴드 나비넥타이 실: ● 빨간색

사슬뜨기 9

1단: 2번째 코에서 시작하여 짧은뜨기 8, 사슬뜨기 1, 뒤집기(8코)

2~27단: 짧은뜨기 8, 사슬뜨기 1, 뒤집기(8코)

28단: 짧은뜨기 8(8코)

짧은 쪽 면을 반으로 접고 원 모양이 되도록 하여 다음 단을 작업한다.

29단: 빼뜨기 8(8코)

꼬리실을 남기고 끊는다. 편물의 가운데 부분에 꼬리실을 돌돌 말아 당긴다.(사진 19) 꼬리실을 남기고 잘라 솔기 부분에 바느질한다.

눈사람 롤로(15cm)

선물 상자

선물 상자에는 방울이나 딸랑이를 지지할 수 있는 폼으로 채워져 있다. 15×15cm 높이의 상자인데 장력에 따라 크기가 달라질 수 있다. 첫 번째 정사각형을 만들고 측정한 다음, 크기에 따라 폼을 잘라 사용한다.(사진 20)

선물 상자 면(6개) 실: ● 빨간색

사슬뜨기 16

1단: 2번째 코에서 시작하여 짧은뜨기 15, 사슬뜨기 1, 뒤집기(15코)

2~14단: 짧은뜨기 15, 사슬뜨기 1, 뒤집기(15코)

15단: 짧은뜨기 15(15코)

실을 끊고 정리한다.(사진 21)

20 **21** **22** **23**

선물 상자 뚜껑 실: ● 빨간색

사슬뜨기 16

1단: 2번째 코에서 시작하여 짧은뜨기 15, 사슬뜨기 1, 뒤집기(15코)

2~29단: 짧은뜨기 15, 사슬뜨기 1, 뒤집기(15코)

30단: 짧은뜨기 15(15코)

실을 끊고 정리한다.

뚜껑을 단단히 하기 위해 두꺼운 종이를 준비한다. 자신이 만든 크기의 종이를 반으로 접은 편물에 넣고 연결한다.(45코)(사진 22, 23)

실을 끊고 정리한다.

짧은 리본(2개) 실: ● 노란색

사슬뜨기 4

1단: 2번째 코에서 시작하여 짧은뜨기 3, 사슬뜨기 1, 뒤집기(3코)

2~14단: 짧은뜨기 3, 사슬뜨기 1, 뒤집기(3코)

15단: 짧은뜨기 3(3코)

꼬리실을 남기고 끊는다.

긴 리본(2개) 실: ● 노란색

사슬뜨기 4

1단: 2번째 코에서 시작하여 짧은뜨기 3, 사슬뜨기 1, 뒤집기(3코)

2~44단: 짧은뜨기 3, 사슬뜨기 1, 뒤집기(3코)

45단: 짧은뜨기 3(3코)

꼬리실을 남기고 끊는다.

나비넥타이 실: ● 노란색

사슬뜨기 7

1단: 2번째 코에서 시작하여 짧은뜨기 6, 사슬뜨기 1, 뒤집기(6코)

2~22단: 짧은뜨기 6, 사슬뜨기 1, 뒤집기(6코)

23단: 짧은뜨기 6(6코)

꼬리실을 남기고 끊는다. 짧은 쪽 면을 반으로 접고 원 모양이 되도록 하여 다음 단을 작업한다.

24단: 빼뜨기 6(4코)

꼬리실을 남기고 끊는다. 편물의 가운데 부분에 꼬리실을 돌돌 말아 당긴다. 꼬리실을 남기고 잘라 옷의 뒤쪽 가운데에 바느질한다.(사진 24) 꼬리실을 남기고 끊는다.

24 25 26 27

눈사람 실: ○ 하얀색

1단: 매직링에 짧은뜨기 6(6코)

2단: 코늘리기 6(12코)

3단: [짧은뜨기 1, 코늘리기 1] × 6(18코)

4단: [짧은뜨기 2, 코늘리기 1] × 6(24코)

5단: [짧은뜨기 3, 코늘리기 1] × 6(30코)

6단: [짧은뜨기 4, 코늘리기 1] × 6(36코)

7단: [짧은뜨기 5, 코늘리기 1] × 6(42코)

8~14단: 짧은뜨기 42(42코)

15단: [짧은뜨기 5, 안 보이게 코줄이기 1] × 6(36코)

16단: [짧은뜨기 4, 안 보이게 코줄이기 1] × 6(30코)

17단: [짧은뜨기 3, 안 보이게 코줄이기 1] × 6(24코)

18단: [짧은뜨기 2, 안 보이게 코줄이기 1] × 6(18코)

19단: [짧은뜨기 2, 코늘리기 1] × 6(24코)

20단: [짧은뜨기 3, 코늘리기 1] × 6(30코)

21단: [짧은뜨기 4, 코늘리기 1] × 6(36코)

22단: [짧은뜨기 5, 코늘리기 1] × 6(42코)

꼬리실을 남기고 끊는다. 12단과 13단 사이에 4코 간격을 두고 눈을
바느질한다.

코 실: ● 빨간색

1단: 매직링에 짧은뜨기 6(6코)

꼬리실을 남기고 끊는다. 눈 사이에 코를 바느질하고, 분홍색 실로 볼
에 장식한다. 충전재를 채운다.(사진 25)

팔(2개) 실: ○ 하얀색

1단: 매직링에 짧은뜨기 6(6코)

2단: 코늘리기 6(12코)

3단: [짧은뜨기 1, 코늘리기 1] × 6(18코)

4~6단: 짧은뜨기 18(18코)

7단: [짧은뜨기 1, 안 보이게 코줄이기 1] × 6(12코)

8~9단: 짧은뜨기 12(12코)

충전재를 가볍게 채운다.

10단: 안 보이게 코줄이기 6(6코)

11단: 짧은뜨기 6(6코)

꼬리실을 남기고 끊는다.

모자 실: ● 민트색

1단: 매직링에 짧은뜨기 6(6코)

2단: 코늘리기 6(12코)

3단: [짧은뜨기 1, 코늘리기 1] × 6(18코)

4단: [짧은뜨기 2, 코늘리기 1] × 6(24코)

5단: [짧은뜨기 3, 코늘리기 1] × 6(30코)

6단: [짧은뜨기 4, 코늘리기 1] × 6(36코)

7단: [짧은뜨기 5, 코늘리기 1] × 6(42코)

8~10단: 짧은뜨기 42(42코)

11단: 긴뜨기 42, 빼뜨기(42코)

12~14단: 사슬뜨기 2, 빼뜨기한 코에서 시작하여 [긴뜨기 앞걸어뜨
기 1, 긴뜨기 뒤걸어뜨기 1] × 21, 빼뜨기(42코)

꼬리실을 남기고 끊는다. 민트색 품품을 모자 꼭대기에 바느질한다.

(사진 26)

스카프 실: ● 민트색

사슬뜨기 5

1단: 2번째 코에서 시작하여 짧은뜨기 4, 사슬뜨기 1, 뒤집기(4코)

2~40단: 짧은뜨기 4, 사슬뜨기 1, 뒤집기(4코)

41단: 짧은뜨기 4(4코)

꼬리실을 남기고 실을 끊는다. 스카프 끝에 프릴을 만든다. 적당한 길이로 실을 자르고 반을 접어 마지막 코에 집어 넣는다. 실을 반쯤 당겨 고리로 잡아 빼고 매듭을 짓고, 끝을 자른다.(사진 27)

마무리하기

• 눈사람을 정사각형 중 하나에 바느질한다.(사진 28)

• 모자를 머리 위에 올려 몇 땀 바느질한다.(사진 29)

• 정사각형 정렬하고 짧은뜨기 15개로 연결한다.(사진 30)

• 실을 끊어 정리한다.(사진 31)

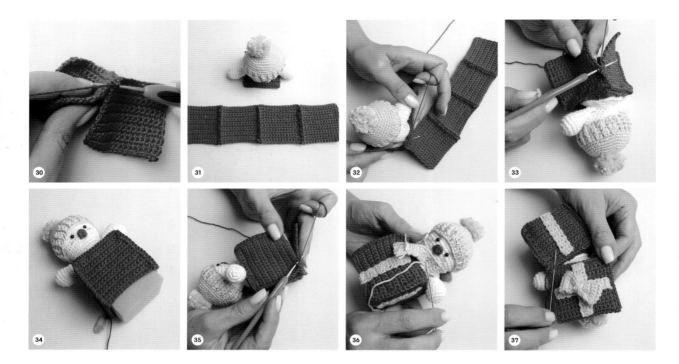

- 짧은뜨기로 각 면을 차례대로 연결한다.(사진 32, 33)
- 잘라놓은 폼 조각을 넣는다.(사진 34)
- 짧은뜨기 15개로 상자 모양이 되도록 연결한다.(사진 35)
- 눈사람의 목에 스카프를 둘러 바느질한다.(사진 36)

- 긴 리본을 상자의 바닥과 옆면에 바느질한다.
- 짧은 리본을 상자 위에 바느질한다.
- 뚜껑 면을 상자 위에 연결한다.(사진 37)
- 눈사람의 머리를 몇 땀 바느질해서 상자에 고정한다.

허수아비 세트

여기에 설명한 별도의 의상 부품을 사용하면 휴고, 베카, 던컨, 레이의 수많은 조합을 만들 수 있습니다. 허수아비 세트는 디자이너의 제안 중 하나입니다. 기본 인형을 만들고 시작하세요. 인형은 자유롭게 선택해요.

오버올: 크리스마스 세트의 오버올과 같은 방법으로 만들어요. (p.50~52) 초록색 실은 진파란색 실로 바꾸세요. 27단 색 바꾸기는 생략해요. 끈에 단추를 바느질해요.

모자: 마녀 세트의 모자와 같은 방법으로 만들어요.(p.140~141) 검은색 실을 갈색 실과 주황색 실과 노란색 실로 바꾸세요.

패치: 오버올에 패치 2개를 붙여요.

패치(2개) 실: ● 주황색
사슬뜨기 6
1단: 2번째 코에서 시작하여 짧은뜨기 5, 사슬뜨기 1, 뒤집기(5코)
2~4단: 짧은뜨기 5, 사슬뜨기 1, 뒤집기(5코)
실을 끊고 정리한다. 패치를 오버올에 바느질하고, 검은색 실로 장식한다.

준비물

<실>
- ● 갈색
- ● 진파란색
- ● 주황색
- ○ 노란색
- ● 검은색(소량)

노란색 단추(1cm)

난이도: **(*) 게이지 : 7코 x 7단(2.5 x 2.5cm)
디자이너는 똑같은 장력으로 작업하기 때문에 인형과 옷을 똑같은 바늘을
사용했어요. 다른 크기를 원한다면 다양한 크기의 코바늘을 이용해도 좋아요.

www.amigurumi.com/3724
사이트에 작품을 올려보세요. 다른 작품을
통해 영감을 얻을 수 있어요.

(사진 5, 6) 실을 끊고 정리한다.

실 바꾸기: ● 검은색

6단: 뒷고리 이랑뜨기로 짧은뜨기 116, 사슬뜨기 1, 뒤집기(116코)

(사진 7)

7단: 짧은뜨기 116(116코)

실을 끊고 정리한다. 단춧구멍의 맞은 편에 주황색 단추를 바느질한다.(사진 8, 9)

준비물

<실>

● 검은색

● 주황색

● 살구색

　하얀색(소량)

코바늘(2mm)

돗바늘 / 마커 / 가위 / 핀

검은색 자수실 / 인형 눈 2개

주황색 단추(1cm) 1개

마녀 세트

중요해요!

→ 티셔츠를 입은 기본 인형을 만들고 시작하세요. 인형은 자유롭게
선택하되 티셔츠 몸은 주황색 실로, 옷 단과 깃은 검은색 실로 바꾸
세요. 티셔츠에 자수를 놓은 뒤 몸과 머리를 만드는 것이 쉬워요.

티셔츠 자수

검은색 자수실로 눈, 코, 입 윤곽을 수놓는다. 핀으로 위치를 정하여
꽂은 다음(사진 1) 모양대로 수를 놓아 채운다.(사진 2, 3)

치마 실 ● 주황색 ● 검은색

● 주황색. 사슬뜨기 59

1단: 2번째 사슬코에서 시작하여 코늘리기 58, 사슬뜨기 1, 뒤집기
(116코)

2~4단: 짧은뜨기 116, 사슬뜨기 1, 뒤집기(116코)

5단: 뒷고리 이랑뜨기로 짧은뜨기 116(116코)(사진 4)

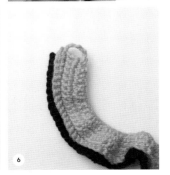

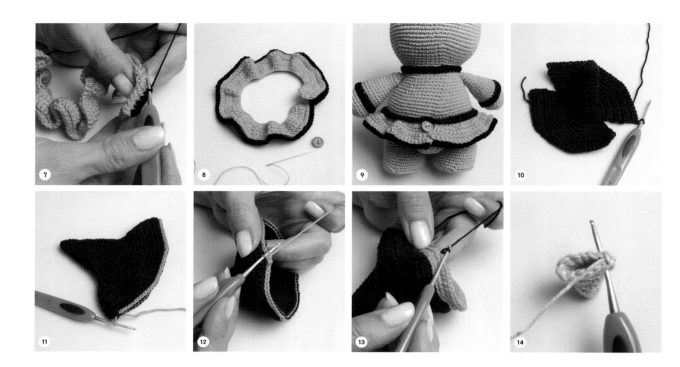

마녀 모자 실: ● 검은색 ● 주황색

1단: ● 검은색. 매직링에 짧은뜨기 6(6코)

2단: 짧은뜨기 6(6코)

3단: 코늘리기 6(12코)

4단: 짧은뜨기 12(2코)

5단: [짧은뜨기 1, 코늘리기 1] × 6(18코)

6단: 짧은뜨기 18(18코)

7단: [짧은뜨기 2, 코늘리기 1] × 6(24코)

8단: 짧은뜨기 24(24코)

9단: [짧은뜨기 3, 코늘리기 1] × 6(30코)

10단: 짧은뜨기 30(30코)

11단: [짧은뜨기 4, 코늘리기 1] × 6(36코)

12~16단: 짧은뜨기 36(36코)

17단: [짧은뜨기 5, 코늘리기 1] × 6(42코)

18~20단: 짧은뜨기 42(42코)

모자는 두 부분으로 나누어 뜨고, 마지막에 합쳐서 완성한다.

[첫 번째 부분]

21단: [짧은뜨기 6, 코늘리기 1] × 3, 사슬뜨기 1, 뒤집기(24코)

22단: [짧은뜨기 7, 코늘리기 1] × 3, 사슬뜨기 1, 뒤집기(27코)

23단: [짧은뜨기 8, 코늘리기 1] × 3, 사슬뜨기 1, 뒤집기(30코)

24단: [짧은뜨기 9, 코늘리기 1] × 3, 사슬뜨기 1, 뒤집기(33코)

25단: [짧은뜨기 10, 코늘리기 1] × 3, 사슬뜨기 1, 뒤집기(36코)

26~27단: 짧은뜨기 36, 사슬뜨기 1, 뒤집기(36코)

28단: 짧은뜨기 36(36코)

실을 끊고 정리한다.

[두 번째 부분]

옷의 겉쪽이 나오게 두고 작업한다.

21~28단: 20단의 뜨지 않은 코에서 시작한다. 첫 번째 부분의 패턴 대로 작업한다.(사진 10)

실을 끊지 않는다. 사슬뜨기 1, 뒤집기

다음 단에서 두 부분을 연결한다.

29단: 두 번째 부분에 [짧은뜨기 11, 코늘리기 1] × 3, 첫 번째 부분에 [짧은뜨기 11, 코늘리기 1] × 3, 두 번째 부분 첫코에 빼뜨기(78코)

실을 끊고 정리한다.

실 바꾸기: ● 주황색

30단: 29단의 아무코에서나 시작한다. 앞고리 이랑뜨기로 빼뜨기

78(78코)(사진 11)

지나치게 타이트하게 작업하지 않도록 주의한다.

31단: 뒷고리 이랑뜨기로 짧은뜨기 78(78코)(사진 12)

32단: 짧은뜨기 78(78코)

실을 끊고 정리한다. 32단의 아무코에서나 시작한다.(사진 13)

33단: 앞고리 이랑뜨기로 [짧은뜨기 12, 코늘리기 1] × 6, 뒤집기 (84코)

34단: 짧은뜨기 6, 코늘리기 1, [짧은뜨기 13, 코늘리기 1] × 5, 짧은뜨기 7(90코)

35단: 짧은뜨기 10, 코늘리기 1, [짧은뜨기 14, 코늘리기 1] × 5, 짧은뜨기 4(96코)

36단: [짧은뜨기 15, 코늘리기 1] × 6, 빼뜨기(102코)

37단: 크랩 스티치 102(102코)

실을 끊고 정리한다.

박쥐 브루스

귀(2개) 실: ◍ 살구색

1단: 매직링에 짧은뜨기 6(6코)

2단: 짧은뜨기 6(6코)

3단: [짧은뜨기 1, 코늘리기 1] × 3(9코)

4단: 짧은뜨기 9(9코)

5단: [짧은뜨기 2, 코늘리기 1] × 3(12코)

6~7단: 짧은뜨기 12(12코)

귀의 입구를 납작하게 눌러 잡고 다음 단에서 두 코를 모두 통과하여 작업한다.

8단: 짧은뜨기 6(6코)(사진 14)

실을 끊고 정리한다.

머리 & 몸 실: ◍ 살구색 ● 검은색

1단: ◍ 살구색. 매직링에 짧은뜨기 8(8코)

2단: 코늘리기 8(16코)

3단: [짧은뜨기 1, 코늘리기 1] × 8(24코)

4단: [짧은뜨기 2, 코늘리기 1] × 8(32코)

5단: [짧은뜨기 7, 코늘리기 1] × 4(36코)

6단: [짧은뜨기 8, 코늘리기 1] × 4(40코)

다음 단에서 귀를 머리에 연결한다.

7단: 짧은뜨기 2, 머리와 첫 번째 귀의 코를 동시에 통과하여 짧은뜨기 6(사진 15), 머리에 짧은뜨기 25, 머리와 두 번째 귀의 코를 동시에 통과하여 짧은뜨기 6, 머리에 짧은뜨기 1(40코)(사진 16)

8~10단: 짧은뜨기 40(40코)

실 바꾸기: ● 검은색

11~17단: 짧은뜨기 40(40코)

6단과 7단 사이에 2코 간격을 두고 눈을 수놓는다. 입은 검은색 실로, 송곳니는 하얀색 실과 검은색 실로 수놓는다. 가슴의 줄무늬는 살구색으로 수놓는다.(사진 17)

18단: [짧은뜨기 8, 안 보이게 코줄이기 1] × 4(36코)

19단: [짧은뜨기 7, 안 보이게 코줄이기 1] × 4(32코)

20단: [짧은뜨기 2, 안 보이게 코줄이기 1] × 8(24코)

21단: 짧은뜨기 10(10코)

뜨지 않은 코는 남겨둔다. 충전재를 채운다. 몸의 입구를 납작하게 하고 다음 단에서 두 코를 모두 통과하여 작업한다.

22단: 짧은뜨기 12(12코)(사진 18)

실을 끊고 정리한다.(사진 19)

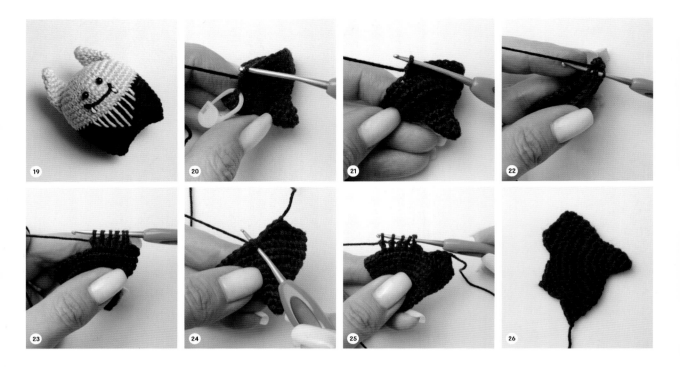

날개(2개) 실: ● 검은색

1단: 매직링에 짧은뜨기 6(6코)

2단: 짧은뜨기 2, 코늘리기 2, 짧은뜨기 2(8코)

3단: 짧은뜨기 3, 코늘리기 2, 짧은뜨기 3(10코)

4단: 짧은뜨기 4, 코늘리기 2, 짧은뜨기 4(12코)

5단: 짧은뜨기 4, 코늘리기 4, 짧은뜨기 4(16코)

6단: [짧은뜨기 1, 코늘리기 1] × 8(24코)

7단: [짧은뜨기 2, 코늘리기 1] × 8(32코)

8~10단: 짧은뜨기 32(32코)(사진 20)

짧은뜨기 2(사진 21). 날개의 입구를 납작하게 하고 다음 단에서 입구를 막는다.

11단: 양쪽 코를 모두 통과하여 짧은뜨기 32(32코)(사진 22), 버블 스티치 1(사진 23)

실을 끊고 정리한다. 10단의 뜨지 않은 코에서 시작한다.

11단(이어서): 양쪽 코를 모두 통과하여 짧은뜨기 2(사진 24), 버블 스티치 1(사진 25)

실을 끊고 정리한다. 10단의 뜨지 않은 코에서 시작한다.

11단(이어서): 양쪽 코를 모두 통과하여 짧은뜨기 3

꼬리실을 남기고 끊는다.(사진 26) 11단과 14단 사이, 몸의 옆면에 날개를 바느질한다.

치어리더 세트

여기에 설명한 별도의 의상 부품을 사용하면 휴고, 베카, 던컨, 레이의 수많은 조합을 만들 수 있습니다. 치어리더 세트는 디자이너의 제안 중 하나입니다. 옷을 입지 않은 인형을 만들고 시작하세요.

치마: 마녀 세트의 치마와 같은 방법으로 만들어요.(p.139) 주황색 실은 노란색 실로 바꾸세요. 단춧구멍의 맞은편에 노란색 단추를 바느질하세요.

튜브탑: 여름 세트의 튜브탑과 같은 방법으로 만들어요.(p.119) 분홍색 실은 노란색 실로 바꾸세요. 탑의 두 번째 부분의 1단 이후 검은색 실로 바꾸세요. 단춧구멍의 맞은편에 노란색 단추를 바느질하세요.

머리밴드: 겨울 세트의 머리밴드와 같은 방법으로 만들어요. (p.131~132) 빨간색 실을 노란색 실로 바꾸세요.

폼폼: 6cm 폼폼 2개를 만들어요. 노란색 실과 검은색 실을 섞어서 사용하세요.

준비물

<실>
- 노란색
- 검은색

노란색 단추(1cm) 2개
폼폼 메이커(6cm)

www.amigurumi.com/3725
사이트에 작품을 올려보세요. 다른 작품을
통해 영감을 얻을 수 있어요.

고마워요!

나의 '팀'인 내 아이들, 남편, 자매와 조카들, 그리고 엄마와 시어머니에게 감사를 전하고 싶어요. 그들이 없었다면 저는 존재하지 않았을 거예요. 정말 감사합니다!!

또한 실을 후원해 주신 Yarn and Colors에도 감사드려요. 아름다운 실로 이 책에 나오는 모든 동물인형을 만들 수 있었습니다. 이 책의 패턴을 주의 깊게 검토해 준 편집자들께도 감사드립니다.